民族文字出版专项资金资助项目

羚羚带你看科技（汉藏对照）

ལིན་ལིན་གྱིས་ཁྱོད་རང་སྣེ་ཁྲིད་ནས་ཚན་རྩལ་ལ་ལྟ་རུ་འགྲོ་བ། （རྒྱ་བོད་ཤན་སྦྱར）

卞曙光 主编

པེན་ཧྲུའུ་ཀོང་གིས་གཙོ་སྒྲིག་བྱས།

材料与制造

རྒྱུ་ཆ་དང་བཟོ་སྐྲུན།

卞曙光 编著

པེན་ཧྲུའུ་ཀོང་གིས་སྒྲིག་རྩོམ་བྱས།

索南扎西 译

བསོད་ནམས་བཀྲ་ཤིས་ཀྱིས་བསྒྱུར།

青海人民出版社

图书在版编目（CIP）数据

材料与制造 ：汉藏对照 / 卞曙光编著 ；索南扎西译. -- 西宁 ：青海人民出版社，2023.10
（羚羚带你看科技 / 卞曙光主编）
ISBN 978-7-225-06549-6

Ⅰ. ①材… Ⅱ. ①卞… ②索… Ⅲ. ①材料科学－青少年读物－汉、藏②制造－青少年读物－汉、藏 Ⅳ. ①TB3-49②TB4-49

中国国家版本馆CIP数据核字(2023)第126562号

总 策 划　王绍玉
执行策划　田梅秀
责任编辑　田梅秀　梁建强　索南卓玛　拉青卓玛
责任校对　马丽娟
责任印制　刘　倩　卡杰当周
绘　　图　安　宁　等
设　　计　王著聿　郭廷欢

羚羚带你看科技
卞曙光　主编
材料与制造（汉藏对照）
卞曙光　编著
索南扎西　译

出 版 人　樊原成
出版发行　青海人民出版社有限责任公司
西宁市五四西路 71 号　邮政编码：810023　电话：（0971）6143426（总编室）
发行热线　（0971）6143516/6137730
网　　址　http://www.qhrmcbs.com
印　　刷　青海雅丰彩色印刷有限责任公司
经　　销　新华书店
开　　本　880mm × 1230mm　1/16
印　　张　6.5
字　　数　100 千
版　　次　2023 年 10 月第 1 版　2023 年 10 月第 1 次印刷
书　　号　ISBN 978-7-225-06549-6
定　　价　39.80 元

《羚羚带你看科技》编辑委员会

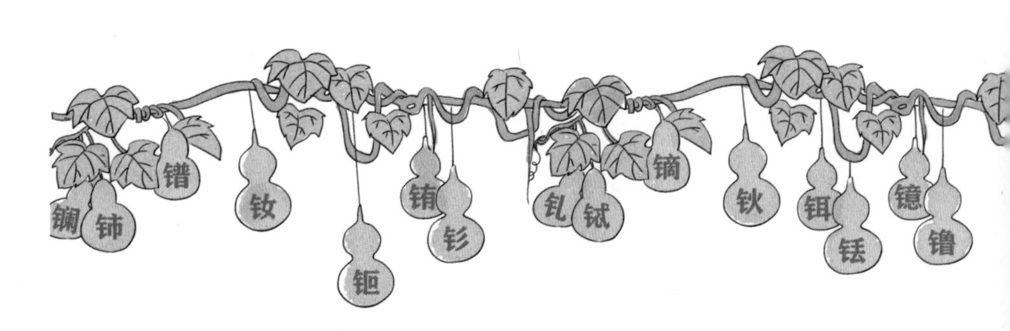

目录

དཀར་ཆག

引　言

སྔོན་གཏམ།

制造业是国家经济发展和国防建设的重要支柱，材料与制造业的发展水平是一个国家经济实力、科技实力、生活水平和国防实力的综合体现。从浩渺的外太空到辽阔的大地，再到波澜壮阔的海洋世界，从材料大国到全球第一的制造大国，我国通过自主创新、不断提升核心竞争力、取得令世界瞩目的科技成果，创造了令世界震惊的中国速度和中国效率，为我国材料和制造业持续快速发展提供了不竭的源泉和动力：首次合成的“孪晶金刚石”，不但体积小，还是当前已知的最硬材料；引以为傲的无人机技术已经占领了世界八成的市场，客户遍布全球100多个国家；自主研制的“探索4500”自主水下机器人成功完成北极高纬度海冰覆盖区的科学考察作业，成为科考界的“小网红”。更让人感叹的是，我们国家已经全面掌握了自动化码头设计建造、装备制造、系统集成和运营管理全链条的关键技术，规模居世界首位，成为世界的领跑者；而高端装备核心技术的突破，不仅建立了巨型重载锻造装备自主创新设计和开发技术体系，而且成功研制出4000弯矩锻造操作机，整机构型和液压控制技术都处于国际领先水平……这样的例子不胜枚举，它们在世界科技之林迸发出多彩的光芒，是中国制造业从依赖进口到自主创新、

从中低端技术制造向中高端制造跨越、从粗放型制造向绿色制造和智能制造转型，最终实现我国从制造业低端价值链迈向高端价值链的有力例证。它告诉我们，今天的中国，正在用自己的方式缩短着从制造大国到制造强国的距离。

བཟོ་སྐྲུན་ལས་རིགས་ནི་རྒྱལ་ཁབ་ཀྱི་དཔལ་འབྱོར་འཕེལ་རྒྱས་དང་རྒྱལ་སྲུང་འཛུགས་སྐྲུན་གྱི་སྲོག་ཤིང་ཡིན་པ་དང་། རྒྱུ་ཆ་དང་བཟོ་སྐྲུན་ལས་རིགས་ཀྱི་འཕེལ་རྒྱས་ཆུ་ཚད་ནི་རྒྱལ་ཁབ་ཅིག་གི་དཔལ་འབྱོར་སྟོབས་ཤུགས་དང་ཚན་རྩལ་སྟོབས་ཤུགས། འཚོ་བའི་ཆུ་ཚད། རྒྱལ་སྲུང་སྟོབས་ཤུགས་བཅས་ཀྱི་ཕྱོགས་བསྡུས་མངོན་སྟངས་ཡིན། འབྱམས་ཀླས་པའི་བར་སྣང་ཁམས་ནས་ཡངས་ཤིང་རྒྱ་ཆེ་བའི་ས་གཞི་དང་། ཟིལ་རླབས་དཀྱུང་འཁྱུར་གྱི་རྒྱ་མཚོ་ཆེན་པོ་སོགས་ཕྱོགས་གང་ཐད་ནས་ཀྱང་། རྒྱ་ཆའི་རྒྱལ་ཁབ་ཆེན་པོ་ནས་གོ་ལ་ཧྲིལ་པོའི་བཟོ་སྐྲུན་རྒྱལ་ཁབ་ཆེན་པོ་ཨང་དང་པོའི་བར་དུ། རང་རྒྱལ་གྱིས་རང་བདག་གསར་གཏོད་དང་དཀྱིལ་སྙིང་གི་འགྲན་རྩོད་ནུས་པ་མུ་མཐུད་དུ་ཇེ་མཐོར་བཏང་ཞིང་། འཛམ་གླིང་གིས་དོ་སྣང་བྱེད་པའི་ཚན་རྩལ་གྲུབ་འབྲས་ཐོབ་པ་བཅས་ལ་བརྟེན་ནས། འཛམ་གླིང་གི་ཏ་ལས་དགོས་པའི་གྲུང་གོའི་མྱུར་ཚད་དང་གྲུང་གོའི་ལས་ཕྱོད་བསྟན་ལ། རང་རྒྱལ་གྱི་རྒྱུ་ཆ་དང་བཟོ་སྐྲུན་ལས་རིགས་རྒྱུན་མཐུད་མགྱོགས་མྱུར་ངང་འཕེལ་རྒྱས་སུ་འགྲོ་བར་ཇོགས་མཐའ་བྲལ་བའི་འབྱུང་ཁུངས་དང་སྙུལ་ཤུགས་མགོ་འདོན་བྱས་ཡོད་དེ། ཐེངས་དང་པོར་བསྡུས་གྲུབ་བྱས་པའི་“མཚོ་བདར་རྡོ་རྗེ་ཕ་ལམ”ནི་བོངས་ཚད་ཆུང་བར་མ་ཟད། མིག་སྔར་ཤེས་རྟོགས་བྱུང་བའི་ཆེས་སྲ་མོའི་རྒྱུ་ཆ་ཡིན། སྤོབས་པ་བསྐྱེད་འོས་པའི་མི་མེད་གནམ་གྲུའི་ལག་རྩལ་གྱིས་འཛམ་གླིང་ཚོང་རའི་བཅུ་ཆའི་བརྒྱད་ཟིན་པ་དང་ཚོང་མགྲོན་གོ་ལ་ཧྲིལ་པོའི་རྒྱལ་ཁབ100ལྷག་ཙམ་ལ་ཁྱབ་ཡོད། རང་བདག་གིས་ཞིབ་བཟོ་བྱས་པའི་“འཚོལ་ཞིབ4500”རང་བདག་ཆུ་འོག་འཕྲུལ་མིས་བྱུང་སྣེའི་འཕྲེད་ཐིག་མཐོ་བའི་མཚོ་ཐིག་འཁྱགས་རོམ་ཁྱབ་ཁུལ་གྱི་ཚན་རིག་རྟོག་ཞིབ་ལས་དོན་ལེགས་གྲུབ་བྱུང་ནས། ཚན་རིག་རྟོག་ཞིབ་ལས་རིགས་ཀྱི“དྲ་གྲགས་ཆུང་བ”གྱུར་ཡོད། དེ་ལས་ཀྱང་མི་རྣམས་ཏ་ལས་པར་བྱེད་པ་ནི། རང་རེའི་རྒྱལ་ཁབ་ཀྱིས་ཕྱོགས་ཡོངས་ནས་

རང་འགྲུལ་ཅན་གྱི་གྲུ་ཁའི་འཆར་འགོད་བཟོ་སྐྲུན་དང་སྒྲིག་ཆས་བཟོ་སྐྲུན། མ་ལག་བསྡུས་གྲུབ། འཕོར་གཉེར་དོ་དམ་བཅས་ཀྱི་སྒྲིལ་ཐག་རྩོལ་པོའི་འགག་རྩའི་ལག་རྩལ་སོགས་ཁོང་དུ་ཆུད་པ་དང་། གཞི་གྲོན་ཡང་འཛམ་གླིང་གི་ཨང་དང་པོར་སླེབས་ནས་འཛམ་གླིང་གི་སྔོ་ཁྲིད་པར་གྱུར་ཡོད། མཐོ་རིམ་སྒྲིག་ཆས་ཀྱི་དཀྱིལ་སྙིང་ལག་རྩལ་ཐོད་རྒལ་བྱུང་བས་ལྷིད་ཐེག་རྒྱང་བཟོ་སྒྲིག་ཆས་ཆེན་པོའི་རང་བདག་གསར་གཏོད་འཆར་འགོད་དང་གསར་སྤེལ་ལག་རྩལ་མ་ལག་བཙུགས་པར་མ་ཟད། རྒྱལ་ཁའི་ངང་གུག་ཁྲ་རྒྱང་བཟོའི་བཀོལ་སྤྱོད་འཕྲུལ་ཆས4000ཞིབ་བཟོ་བྱས་པ་དང་། འཕྲུལ་འཕོར་རྩོལ་པོའི་གྲུབ་ཚུལ་དང་གཟེར་གནོན་ཚོད་འཛིན་ལག་རྩལ་ཚང་མ་རྒྱལ་སྤྱིའི་སྔོན་ཐོན་ཆུ་ཚད་དུ་སླེབས་ཡོད། འདི་ལྟ་བུའི་དཔེར་བརྗོད་ནི་བརྗོད་ཀྱིས་མི་ལང་ཞིང་། འདི་དག་གིས་འཛམ་གླིང་གི་ཚན་རྩལ་གླིང་དུ་འོད་ཟེར་རབ་ཏུ་འཕྲོ་བཞིན་ཡོད་པ་དང་། ཀྲུང་གོའི་བཟོ་སྐྲུན་ལས་རིགས་ཀྱིས་གཞན་བརྟེན་ནང་འདྲེན་བྱེད་པ་ནས་རང་བདག་གསར་གཏོད་བྱེད་པའི་བར་དང་། འབྲིང་དམའི་ལག་རྩལ་གསར་གཏོད་ནས་འབྲིང་མཐོའི་བཟོ་སྐྲུན་གྱི་བར་བརྒྱལ། རགས་ལས་རྣམ་པའི་བཟོ་སྐྲུན་ནས་ལྷང་མདོག་བཟོ་སྐྲུན་དང་རིག་ནུས་བཟོ་སྐྲུན་བར་གྱི་རྣམ་པར་བསྒྱུར་ནས། མཇུག་མཐར་རང་རྒྱལ་བཟོ་སྐྲུན་ལས་རིགས་ཀྱི་དམའ་གྲས་རིན་ཐང་སྒྲིལ་ཐག་ནས་མཐོ་རིམ་རིན་ཐང་སྒྲིལ་ཐག་བར་གྱི་དཔེ་མཚོན་ནུས་ལྡན་མངོན་འགྱུར་བྱུས། དེས་ང་ཚོར་གསལ་པོར་བསྟན་པ་ནི། དེ་རིང་གི་ཀྲུང་གོས་རང་ཉིད་ཀྱི་བྱེད་ཐབས་སྤྱད་དེ་བཟོ་སྐྲུན་རྒྱལ་ཁབ་ཆེན་པོ་ནས་བཟོ་སྐྲུན་རྒྱལ་ཁབ་སྟོབས་ལྡན་བར་གྱི་བར་ཐག་ཇེ་ཐུང་དུ་གཏོང་བཞིན་ཡོད་དོ། །

01 碳纳米管的高效光伏倍增效应

ཐན་ན་སྨི་སྦུ་གུའི་ནུས་ཆེའི་འོད་ཀྱུགས་ལྡབ་སྟོན་ནུས་སྣང་།

碳纳米管作为典型的一维纳米材料，具有极其优异的电学和光电特性，除了具有超高的载流子迁移率，半导体性的碳纳米管还是直接带隙材料，具有优异的光电效率，在纳米尺度的高速光电器件以及下一代新型高效的太阳能光伏器件应用方面存在巨大的潜力。我国科学家成功实现碳纳米管高效光伏倍增效应，成为2011年科学界的一颗闪耀“新星”，这项研究成果不但能推动碳纳米管材料的实际应用，还为光伏产业不可限量的未来带来重要的影响。

我国76%的国土光照充沛，碳纳米管的高效光伏倍增效应通过金属电极与半导体碳纳米管材料之间能级匹配的“有效接触”，在一根碳管上制备两种不同类型的金属接触电极，形成一个基本的器件单元，由于半导体碳纳米管的带隙一般小于1电子伏，能够高效地吸收从紫外到近红外的宽广的光谱，从而充分地利用太阳光。这项研究成果可让最清洁、最安全、最可靠的太阳能得到更有效利用，为低碳、环保的生活又迈出了新的一步。

ཐང་ནག་སྨི་སྤུ་གུ་ནི་དཔེ་མཚོན་རང་བཞིན་གྱི་ལྷེ་གཅིག་ནག་སྨི་རྒྱུ་ཆ་ཞིག་ཡིན་པའི་ཆ་ནས། དེར་ཕྱལ་དུ་བྱུང་བའི་གློག་རིག་པ་དང་འོད་གློག་གི་ཁྱད་ཆོས་ལྡན། ཐོད་རྒལ་གྱི་གློག་རྫུལ་འདྲེན་བྱེད་གནས་སྟོ་ཕྱོད་ཡོད་པ་ལས་གཞན། ཕྱེད་འདྲེན་གཟུགས་གཤིས་ཀྱི་ཐང་ནག་སྨི་སྤུ་གུ་ནི་ཐད་ཀར་སྤྱབས་ཡོད་པའི་རྒྱུ་ཆ་ཡིན་ལ། དེར་ཕྱལ་དུ་བྱུང་བའི་འོད་གློག་གི་ལས་ཆོད་ལྡན། ནག་སྨི་ཚད་གཞིའི་སྒྱུར་བགྲོད་འོད་གློག་གི་ལྷུ་ཆས་དང་དེ་བཞིན་རབས་རྗེས་མའི་ལུགས་གསར་ནུས་ཆེའི་ཉི་ནུས་འོད་ཤུགས་ལྷུ་ཆས་བཀོལ་སྤྱོད་ཐད་དུ་མི་མངོན་པའི་ནུས་ཤུགས་ཆེན་པོ་ཡོད། རང་རྒྱལ་གྱི་ཚན་རིག་པས་རྒྱལ་ཁའི་ངང་ཐང་ནག་སྨི་སྤུ་གུའི་ནུས་ཆེའི་འོད་ཤུགས་ལྡབ་སྟོན་ནུས་སྣང་མངོན་འགྱུར་བྱུང་བས། 2011ལོར་ཚན་རིག་ལས་རིགས་ཀྱི་འོད་འཚེར་སྐར་མ་གསར་པ་ཞིག་ཏུ་གྱུར་ཅིང་། ཞིབ་འཇུག་གྲུབ་འབྲས་འདིས་ཐང་ནག་སྨི་སྤུ་གུའི་རྒྱུ་ཆ་དངོས་སུ་བཀོལ་སྤྱོད་བྱེད་པར་སྐུལ་འདེད་གཏོང་ཐུབ་པར་མ་ཟད། ད་དུང་ཚད་བཀག་མེད་པའི་འོད་ཤུགས་ཐོན་ལས་ཀྱི་མ་འོངས་པར་ཤུགས་རྐྱེན་གལ་ཆེན་ཐེབས་ངེས་ཡིན།

རང་རེའི་རྒྱལ་ཁབ་ཀྱི་མངའ་ཁོངས་སུ76%འོད་འགྲོ་ཚད་མཐོན་པོར་ཡོད་པ་དང་། ཐང་ནག་སྨི་སྤུ་གུའི་ནུས་ཆེའི་འོད་ཤུགས་ལྡབ་སྟོན་ནུས་སྣང་གིས་ལྕགས་རིགས་གློག་སྣེ་དང་ཕྱེད་འདྲེན་གཟུགས་ཀྱི་ཐང་ནག་སྨི་སྤུ་གུ་རྒྱུ་ཆའི་བར་གྱི་ནུས་རིམ་ཆ་སྒྲིག་གི"ནུས་ལྡན་འབྲེལ་གཏུགས"བྱས་པ་བརྒྱུད་ནས། ཐང་སྤུག་གཅིག་གི་སྟེང་དུ་རིགས་མི་འདྲ་བའི་ལྕགས་རིགས་འཕྲད་སྦྲེལ་གློག་སྣེ་རིགས་གཉིས་བཟོས་ཏེ། གཞི་རྩའི་ལྷུ་ཆས་ཚན་པ་ཞིག་གྲུབ་ཡོད་ཅིང་། ཕྱེད་འདྲེན་གཟུགས་ཀྱི་ཐང་ནག་སྨི་སྤུ་གུའི་སྤྱབས་ཀ་ཕྱིར་བཏང་དུ་གློག་རྫུལ་ཕྲོལ1ལས་ཆུང་བའི་རྐྱེན་གྱིས། ནུས་ཆེའི་སྒོ་ནས་སྨུག་ཕྱི་ནས་དམར་ཕྱིར་ཉེ་བའི་ཡངས་ཤིང་རྒྱ་ཆེ་བའི་འོད་ཤལ་ཐུད་ལེན་བྱེད་ཐུབ་ལ། ཉི་མའི་འོད་གང་ལེགས་སྔོས་བེད་སྤྱོད་ཀྱང་བྱེད་ཐུབ། ཞིབ་འཇུག་གྲུབ་འབྲས་འདིས་ཆེས་གཙང་ཤོས་དང་ཆེས་བདེ་འཇགས། ཆེས་ཡིད་རྟོན་ཅུང་བའི་ཉི་ནུས་ནུས་ལྡན་ངང་བེད་སྤྱོད་བྱས་ཏེ། ཐང་ཞུང་དང་ཁོར་ཡུག་སྲུང་སྐྱོབ་ཀྱི་འཚོ་བར་སྣར་ཡང་གོམ་སྟབས་གསར་པ་ཞིག་སྤོ་ཐུབ་པར་རོགས་འདེགས་བྱས་སོ། །

02 百米长高温超导电缆

རིང་ཚད་སྨི་བརྒྱའི་དྲོད་ཚད་མཐོ་བའི་གེགས་མེད་གློག་ཐག

2000年11月，我国第一根长116米、宽3.6毫米、厚0.28毫米的铋系高温超导带状材料问世，经测试表明，在零下169摄氏度的环境中，它的电流达12.7安培，输电损耗几乎为零，能极大地降低输电成本，各项指标均达到国际领先水平，标志着我国超导材料研究从实验室阶段迈向应用阶段。这项技术填补了国内高温超导长带材料制造技术的空白，被评为当年“中国十大科技进展”之一。

超导材料是指在一定温度下电阻等于零的材料，一般输电电缆由于存在内阻在长距离输电时的电力损耗较大，而用高温超导长带材料制成的输电电缆输电损耗几乎为零，可极大地降低输电成本。高温超导电缆具有体积小、重量轻、损耗低和传输容量大的优点，主要用于电缆、变压器和核磁共振成像等。它的传输损耗仅为传输功率的0.5%。在重量、尺寸相同的情况下，与常规电力电缆相比，其容量比常规电缆提高3倍到5倍、损耗下降60%，明显节约占地面积和空间，节省宝贵的土地资源，让它成为电力应用的宠儿。

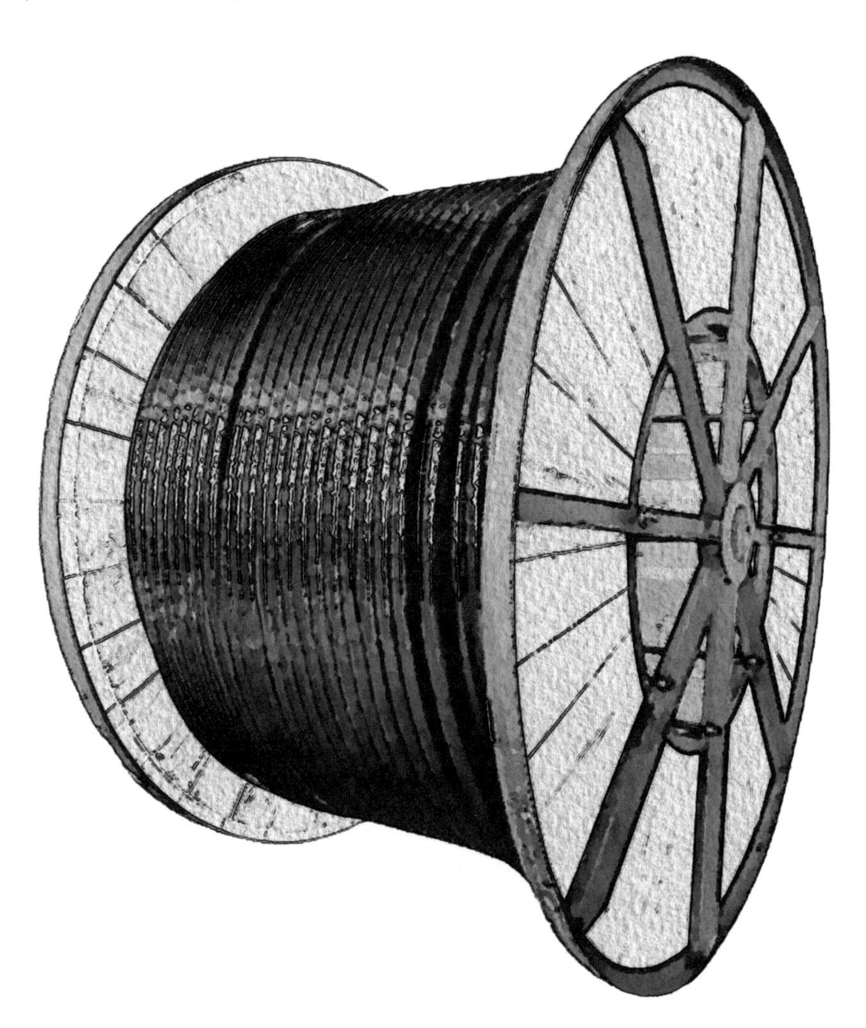

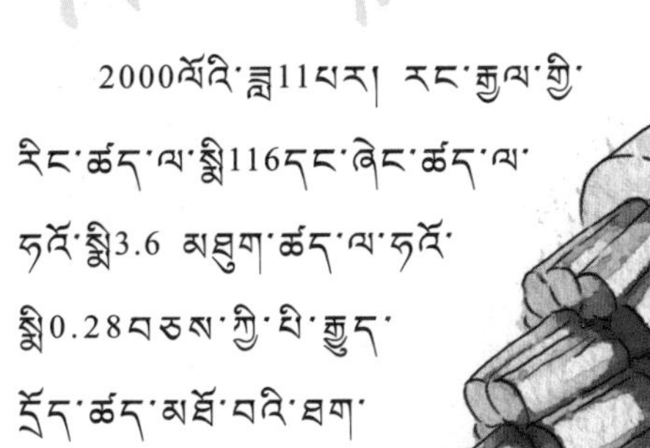

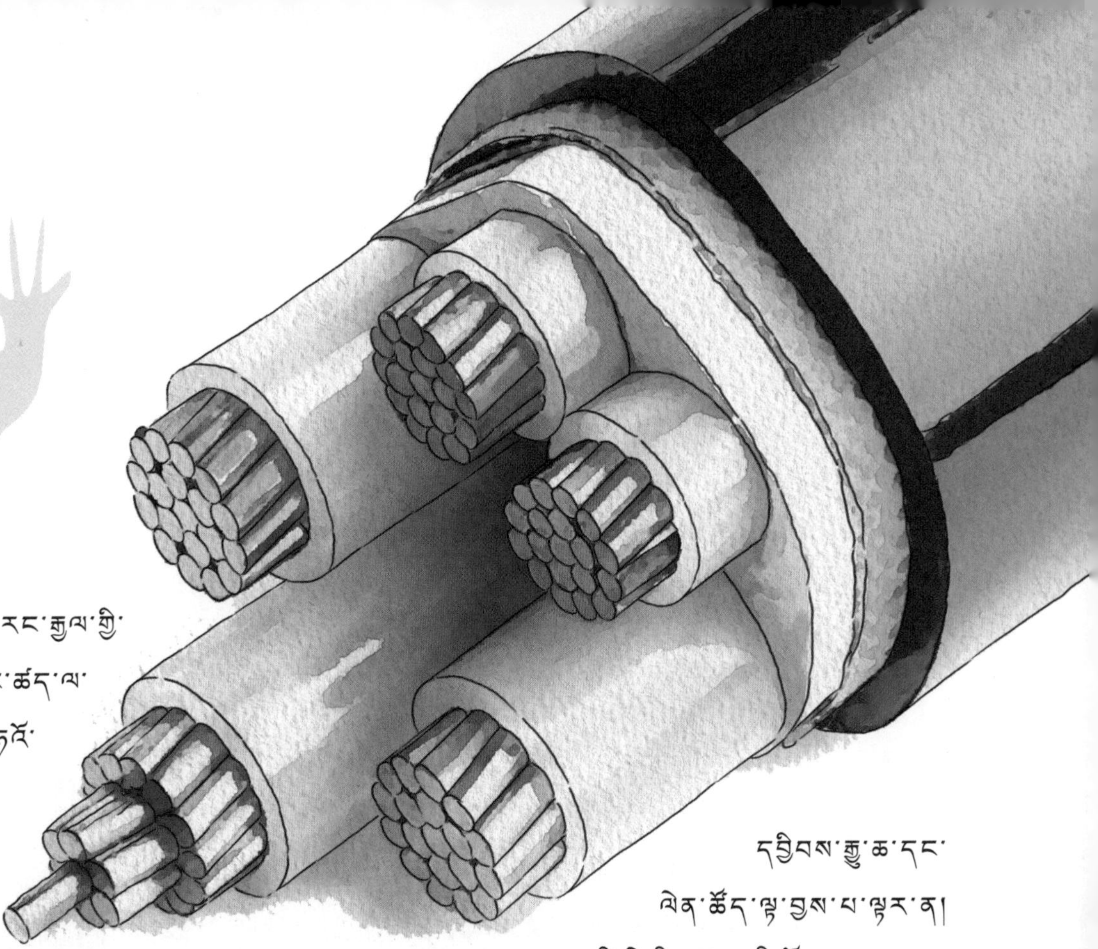

2000ལོའི་ཟླ11པར། རང་རྒྱལ་གྱི་རིང་ཚད་ལ་སྨི116དང་ཞེང་ཚད་ལ་ཧའོ་སྨི3.6 མཐུག་ཚད་ལ་ཧའོ་སྨི0.28བཅས་ཀྱི་ཕི་རྒྱུད་དྲོད་ཚད་མཐོ་བའི་ཐག་དབྱིབས་རྒྱ་ཆ་དང་པོ་བཏོན་པ་དང་། ཚད་ལེན་ཚོད་ལྟ་བྱས་པ་ལྟར་ན། དྲོད་ཚད་ཀླད་ཀོར་འོག་གི་རྗེ་རྗེ་ཏུའུ169ཡི་ཁོར་ཡུག་ནང་དུ། འདིའི་གློག་རྒྱུན་ཨན་ཕེ12.7ལ་སླེབས་པ་དང་གློག་གཏོང་ཟད་གྲོན་ཧ་ལམ་ཀླད་ཀོར་ཡིན་ལ། གློག་གཏོང་མ་གནས་�་དམའ་རུ་ཆེས་ཆེར་བཏང་ཞིང་། དམིགས་ཚད་སྣ་ཚོགས་ཚང་མ་རྒྱལ་སྤྱིའི་སྔོན་ཐོན་ཆུ་ཚད་དུ་སླེབས་པས། རང་རྒྱལ་གྱི་རྒྱུ་ཆའི་ཞིབ་འཇུག་ནི་ཚོད་ལྟ་ཁང་གི་དུས་མཚམས་ནས་བེད་སྤྱོད་དུས་མཚམས་སུ་སླེབས་པ་མཚོན་ནོ། །ལག་རྩལ་འདིས་རྒྱལ་ནང་གི་དྲོད་ཚད་མཐོ་བའི་གློག་འདྲེན་ཐག་རིང་རྒྱུ་ཆ་བཟོ་སྐྲུན་ལག་རྩལ་གྱི་སྟོང་ཆ་བསྐངས་ཏེ། ལོ་དེའི་“ཀྲུང་གོའི་ཚན་རྩལ་གོང་འཕེལ་ཆེན་པོ་བཅུའི”གྲས་སུ་བདམས།

རྒྱུ་ཆ་ཞེས་པ་ནི་དྲོད་ཚད་ངེས་ཅན་ཞིག་གི་འོག་ཏུ་གློག་འགོག་ཀླད་ཀོར་དང་མཚུངས་པའི་རྒྱུ་ཆ་ལ་ཟེར། སྤྱིར་བཏང་དུ་གློག་འདྲེན་གློག་ཐག་ལ་ནང་འགོག་བར་ཐག་རིང་པོར་གློག་གཏོང་སྐབས་གློག་ཤུགས་ཟད་གྲོན་ཅུང་ཆེ་བ་དང་། དྲོད་ཚད་མཐོ་བའི་ཐག་རིང་རྒྱུ་ཆ་སྤྱད་དེ་བཟོས་པའི་གློག་འདྲེན་གློག་ཐག་གི་ཟད་གྲོན་ཕལ་ཆེར་ཀླད་ཀོར་ཡིན་པས། གློག་འདྲེན་མ་གནས་ཇེ་དམའ་རུ་ཆེས་ཆེར་གཏོང་ཐུབ། དྲོད་ཚད་མཐོ་བའི་གློག་ཐག་ལ་བོངས་ཚད་ཆུང་ཞིང་ལྗིད་ཚད་ཡང་བ། ཟད་གྲོན་དམའ་བ། སྐྱེལ་འདྲེན་ཤོང་ཚད་ཆེ་བ་བཅས་ཀྱི་ཁེ་ཕན་ལྡན་ལ། གཙོ་བོར་གློག་ཐག་དང་གློག་གནོན་སྒྱུར་ཆས། ཉིང་སྒྱུད་མཉམ་དར་བརྟན་གྲུབ་སོགས་ཀྱི་སྟེང་དུ་བཀོལ་བཞིན་ཡོད། དེའི་རྒྱུད་འདྲེན་ཟད་གྲོན་ནི་རྒྱུད་འདྲེན་རྩལ་ཤུགས་ཀྱི0.5%ཡིན། ལྗིད་ཚད་དང་རིང་ཐུང་གཅིག་མཚུངས་ཡིན་པའི་གནས་ཚུལ་འོག་ཏུ། རྒྱུན་ལྡན་གྱི་གློག་ཤུགས་གློག་ཐག་དང་བསྡུར་ན། འདིའི་ཤོང་ཚད་རྒྱུན་ལྡན་གྱི་གློག་ཐག་ལས་ལྡབ3ནས5བར་འཕར་བ་དང་། ཟད་གྲོན60%ཇེ་དམའ་རུ་སོང་ཡོད་ཅིང་། རྒྱ་ཁྱོན་དང་བར་སྟོང་མངོན་གསལ་གྱིས་གྲོན་ཆུང་བྱེད་པ་དང་། ས་ཞིང་ཐོན་ཁུངས་གྲོན་ཆུང་བྱེད་ཐུབ་པས། འདི་ཉིད་གློག་ཤུགས་བཀོལ་སྤྱོད་ཁྲོད་ཀྱི་གཅེས་ཕྲུག་ཅིག་ཏུ་གྱུར་ཡོད་དོ། །

03 第一根直径 12 英寸直拉单晶硅
ཆངས་ཐིག་དབྱིན་ཚུན12ཅན་གྱི་ཐད་འཐེན་བདར་རྒྱང་སྲིལ་དང་པོ།

入围 1997 年“中国十大科技进展”的 12 英寸直拉单晶硅，是一项推动我国集成电路和信息产业进一步发展的科学成就，成为当时国际上超大规模集成电路最先进的基础材料。

什么是单晶硅呢？它是硅原子按某种形式排列而成的物质。当熔融的单质硅凝固时，硅原子会以金刚石晶格排列成许多晶核，若这些晶核的晶面排成方向相同的晶粒，那么这些晶粒平行结合后就结晶成了单晶硅。

单晶硅又有什么用呢？信息产业的核心是集成电路，在集成电路的核心电子元器件中又有 95%以上的元器件都是由硅制成，其中直拉单晶硅的用量又超过 85%。因此，为了降低集成电路的制造成本，就迫切需要更大直径的直拉单晶硅抛光片，以便提高电路集成度，进而提高计算机中央处理单元的集成度，最终提高计算速度。12 英寸直拉单晶硅的魅力在于它对提高我国现有硅晶片的质量和科技含量具有重大意义，更使我国成为继美国、日本、德国之后具有拉制大直径单晶硅技术的第四个国家。

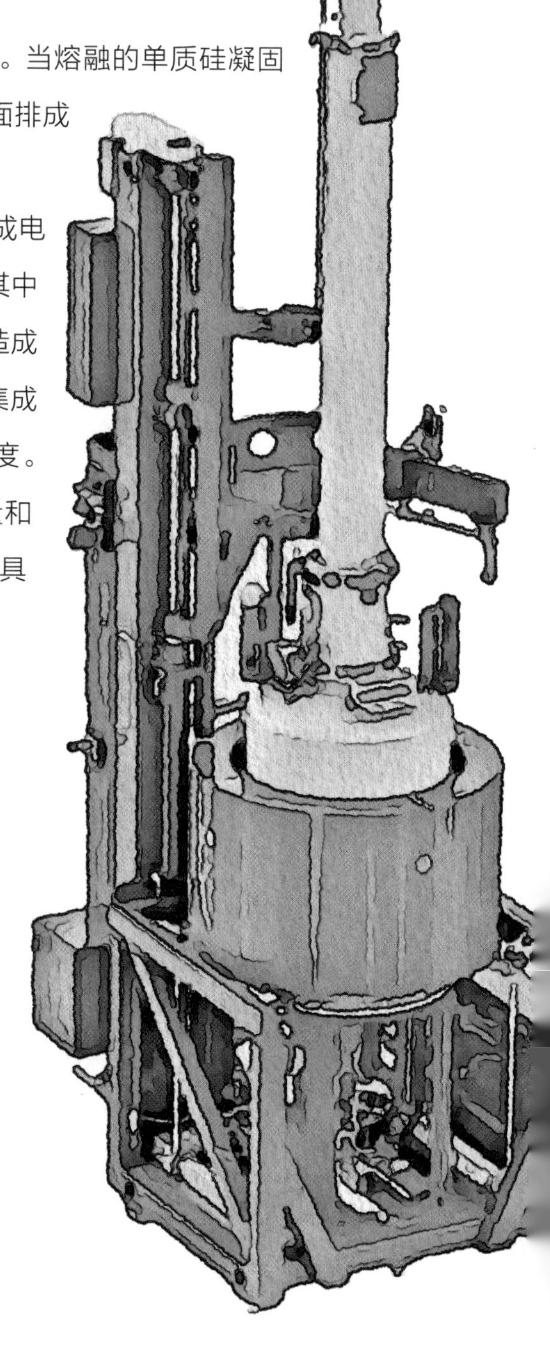

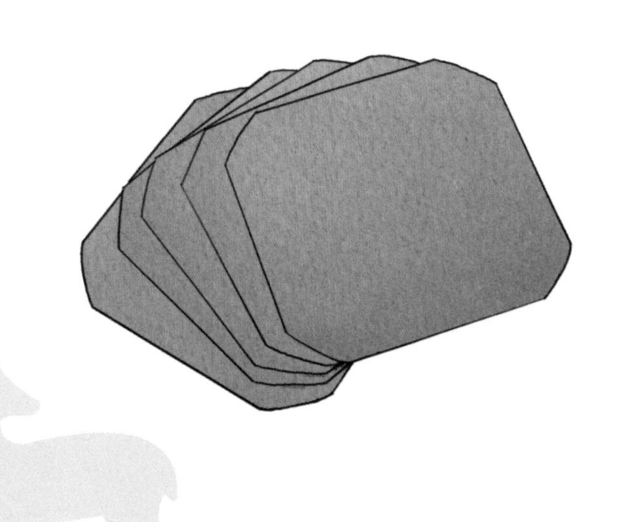

1997ལོའི“ཀྲུང་གོའི་ཚན་རྩལ་གོང་འཕེལ་ཆེན་པོ་བཅུ”ཡི་ནང་དུ་ཚུད་པའི་དབྱིན་ཚུན12ཅན་གྱི་ཐད་འཛིན་བདར་རྒྱང་སྲིལ་ནི། རང་རྒྱལ་གྱི་བསྟུས་གྲུབ་གློག་ལམ་དང་ཆ་འཕྲིན་ཐོན་ལས་སྟར་ལས་འཕེལ་རྒྱས་སུ་འགྲོ་བར་སྐུལ་འདེད་གཏོང་བའི་ཚན་རིག་གི་གྲུབ་འབྲས་ཤིག་ཡིན་པ་དང་། སྐབས་དེའི་རྒྱལ་སྤྱིའི་ཐོག་གི་གཞི་ཁྱོན་ཆེ་བའི་བསྟུས་གྲུབ་གློག་ལམ་ཆེས་སྔོན་ཐོན་གྱི་རྣང་གཞིའི་རྒྱུ་ཆ་ཞིག་ཏུ་གྱུར་ཡོད།

ཅི་ཞིག་ལ་བདར་རྒྱང་སྲིལ་ཟེར་རམ་ཞེ་ན། འདི་ནི་སྲིལ་མ་རྡུལ་རྣམ་པ་ག་གེ་མོ་ལྟར་སྦྱར་སྦྲིག་བྱས་ནས་གྲུབ་པའི་དངོས་པོ་ཞིག་ཡིན། བཞུ་འདྲིས་ཀྱི་རྒྱུ་རྒྱང་སྲིལ་དཀག་པའི་སྐབས་སུ། སྲིལ་མ་རྡུལ་ནི་ཇོ་རྗེ་ཕ་ལམ་གྱི་བདར་གཟུགས་དྲ་སྒོམ་ལྟར་བདར་ཉིང་མང་པོར་བསྒྲིགས་པ་དང་། གལ་ཏེ་བདར་ཉིང་འདི་དག་གི་བདར་ངོས་ནི་ཁ་ཕྱོགས་གཅིག་མཚུངས་ཀྱི་བདར་རིལ་དུ་བསྒྲིགས་ན། བདར་རིལ་འདི་དག་མཉམ་གཤིབ་ཟུང་འབྲེལ་བྱས་རྗེས་བདར་རྒྱང་སྲིལ་དུ་གྱུར་པ་ཡིན།

བདར་རྒྱང་སྲིལ་ལ་ཕན་ནུས་ཅི་ཞིག་ཡོད་དམ་ཞེ་ན། ཆ་འཕྲིན་ཐོན་ལས་ཀྱི་དཀྱིལ་སྙིང་ནི་བསྟུས་གྲུབ་གློག་ལམ་ཡིན་པ་དང་། བསྟུས་གྲུབ་གློག་ལམ་གྱི་ལྡེ་བའི་གློག་རྡུལ་ལྷུ་ལག་ཁྲིད་ཀྱི95%ཡན་གྱི་ལྷུ་ལག་ཚང་མ་སྲིལ་གྱིས་བཟོས་པ་ཡིན། འདིའི་ཁྲོད་དུ་ཐད་འཛིན་བདར་རྒྱང་སྲིལ་གྱི་སྤྱོད་ཚད85%ལས་བརྒལ་བས། བསྟུས་གྲུབ་གློག་ལམ་གྱི་བཟོ་སྐྲུན་མ་གནས་ཇེ་དམའ་རུ་གཏོང་ཆེད། ཚངས་ཐིག་སྟར་ལས་ཆེ་བའི་ཐད་འཛིན་བདར་རྒྱང་སྲིལ་གྱི་འོད་འདོན་ཤེལ་ལེབ་མཁོ་འདོན་བྱས་ནས། གློག་ལམ་གྱི་བསྟུས་གྲུབ་ཚད་གཞི་ཇེ་མཐོར་གཏོང་བ་དང་། དེ་ནས་རྩིས་འཁོར་གྱི་ལྡེ་བའི་སྒྲིག་གཅོད་སྡེ་ཚན་གྱི་བསྟུས་གྲུབ་ཚད་ཇེ་མཐོར་བཏང་སྟེ། མཇུག་མཐར་རྩིས་རྒྱག་མྱུར་ཚད་ཇེ་མཐོར་གཏོང་དགོས། དབྱིན་ཚུན12ཅན་གྱི་ཐད་འཛིན་བདར་རྒྱང་སྲིལ་གྱི་ཡིད་དབང་འཕྲོག་ཤུགས་ནི། དེས་རང་རྒྱལ་གྱི་ད་ཡོད་སྲིལ་བདར་ལེབ་ཀྱི་སྲུས་ཚད་དང་ཚན་རྩལ་འདུས་ཚད་ཇེ་མཐོར་གཏོང་བར་དོན་སྙིང་གལ་ཆེན་ལྡན་པ་དང་། ལྷག་པར་དུ་རང་རྒྱལ་ནི་ཨ་རི་དང་འཇར་པན། འཇར་མན་བཅས་ཀྱི་རྗེས་སུ་ཚངས་ཐིག་ཆེ་བའི་བདར་རྒྱང་སྲིལ་འཛིན་བཟོ་ལག་རྩལ་ལྡན་པའི་རྒྱལ་ཁབ་ཨང་བཞི་པར་གྱུར་ཡོད་དོ། །

04 单分子化学反应的超分辨成像
ཆ་རྡུལ་རྐྱང་པའི་རྫས་འགྱུར་འགྱུར་འབྱུང་གི་ཚོད་ཤལ་དབྱེ་འབྱེད་བརྙན་སྒྲུབ།

单分子实验是从本质出发解决许多基础科学问题的重要途径之一，也是化学测量学面临的一个挑战。单分子化学反应的超分辨成像是我国科学家发明的一种可以直接对溶液中单分子化学反应进行成像的显微镜技术，它利用电致化学发光技术，让参加化学反应的分子自己发光，这项成果突破了电致化学发光存在的两大技术难题，一是微弱乃至单分子水平电致化学发光信号的测量和成像，这对单分子检测非常重要；二是光学衍射极限的超高时空分辨成像，即超分辨电致化学发光成像，最终在空间上实现了前所未有的24纳米分辨率，在时间上创造了每秒拍摄1300张图片的新纪录。

单分子化学反应的超分辨成像有多么重要呢？它是单分子实验的第一步，也是十分关键的一步。单分子实验作为解决许多基础科学问题的重要途径，难度非常大。由于单分子反应的控制难、追踪难、检测难等问题，让全球的科学家举步维艰。单分子化学反应的超分辨成像成果不仅在化学成像和生物成像领域能够帮助研究人员看到更加清晰的微观结构和细胞图像，也为化学反应位点可视化、化学和生物成像、单分子测量等领域提供新的技术手段，具备广泛的应用前景。

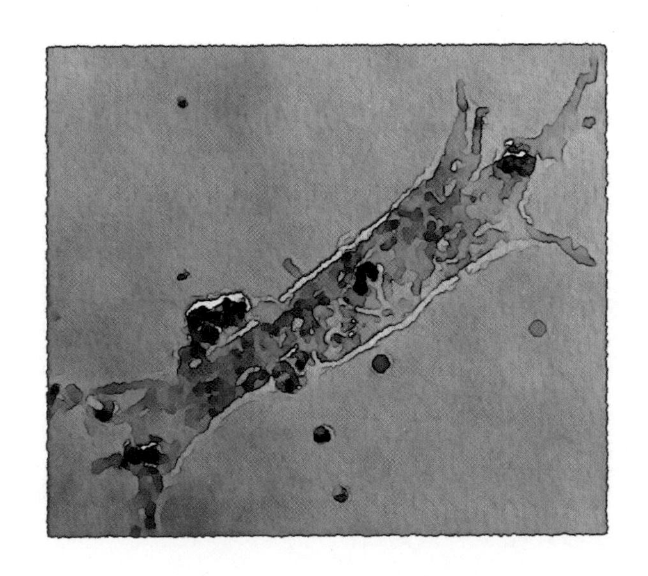

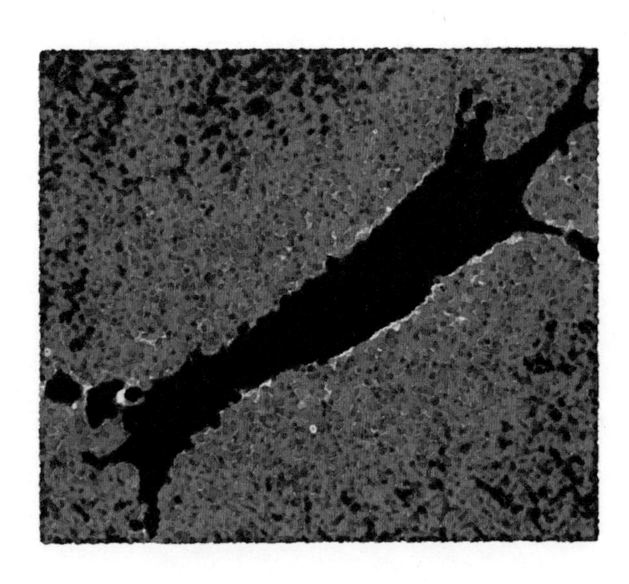

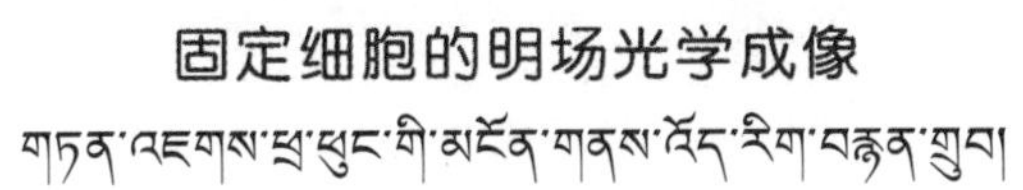

固定细胞的明场光学成像
གཏན་འཇགས་ཕྲ་ཕུང་གི་མངོན་གནས་འོད་རིག་བརྙན་གྲུབ།

单分子电致化学发光成像
ཆ་རྡུལ་རྒྱང་པའི་གློག་སློང་རྫས་འགྱུར་འོད་འཕྲོའི་བརྙན་གྲུབ།

ཆ་རྡུལ་རྒྱང་པའི་ཚོད་ལྟ་ནི་ངོ་བོ་ཉིད་ནས་མགོ་བརྩམས་ཏེ་རྨང་གཞིའི་ཚན་རིག་གི་གནད་དོན་མང་པོ་ཐག་གཅོད་བྱེད་པའི་ཐབས་ལམ་གལ་ཆེན་ཞིག་ཡིན་ལ། རྫས་འགྱུར་ཚད་ལེན་རིག་པའི་མདུན་དུ་ལྷགས་པའི་འགྲན་སློང་ཞིག་ཀྱང་ཡིན། ཆ་རྡུལ་རྒྱང་པའི་རྫས་འགྱུར་འགྱུར་འབྱུང་གི་ཐོད་རྐྱལ་དབྱེ་འབྱེད་བརྙན་གྲུབ་ནི་རང་རྒྱལ་གྱི་ཚན་རིག་པས་གསར་གཏོད་བྱས་པའི་ཐད་ཀར་ཞུ་ཁུའི་ནང་གི་ཆ་རྡུལ་རྒྱང་པའི་རྫས་འགྱུར་འགྱུར་འབྱུང་ལ་བརྙན་གྲུབ་བྱེད་པའི་ཕྲ་མཐོང་མེ་ལོང་གི་ལག་རྩལ་ཞིག་ཡིན། དེས་གློག་སློང་རྫས་འགྱུར་འོད་འཕྲོའི་ལག་རྩལ་སྤྱད་དེ། རྫས་འགྱུར་འགྱུར་འབྱུང་ཁྲོད་དུ་ཞུགས་པའི་ཆ་རྡུལ་རང་ཉིད་ལ་འོད་འཕྲོ་རུ་འཇུག་པ་དང་། གྲུབ་འབྲས་དེས་གློག་སློང་རྫས་འགྱུར་འོད་འཕྲོ་ལག་རྩལ་གྱི་དཀའ་གནད་ཆེན་པོ་གཉིས་སེལ་ཡོད་དེ། གཅིག་ནི་ཉམས་ཞན་དང་ཐ་ན་ཆ་རྡུལ་རྒྱང་པའི་རྒྱུ་ཚད་ཀྱི་གློག་སློང་རྫས་འགྱུར་འོད་འཕྲོའི་བརྡ་རྟགས་ཀྱི་ཚད་འཇལ་དང་བརྙན་གྲུབ་ཡིན་ཞིང་། འདིའི་ཆ་རྡུལ་རྒྱང་པར་ཞིབ་བཤེར་བྱེད་པར་ཧ་ཅང་གལ་ཆེ། གཉིས་ནི་འོད་རིག་སྐོར་འཕྲོའི་མཐར་ཐུག་གི་མཐོ་ཚད་ལས་བརྒལ་བའི་བར་སྟོང་དབྱེ་འབྱེད་བརྙན་གྲུབ་སྟེ། གློག་སློང་རྫས་འགྱུར་འོད་འཕྲོའི་བརྙན་གྲུབ་ཀྱི་ཚད་ལས་བརྒལ་ནས། མཐའ་མར་བར་སྟོང་སྟེང་དུ་ཐར་བྱུང་མ་མྱོང་བའི་ན་སྨི24ཡི་དབྱེ་འབྱེད་ཚད་མངོན་འགྱུར་བྱུང་བ་དང་། དུས་ཚོད་སྟེང་དུ་སྐར་ཆ་རེར་པར་རིས1300བརྙན་ལེན་པའི་ཟིན་ཐོ་གསར་བ་བསྐྲུན་ཡོད།

ཆ་རྡུལ་རྒྱང་པའི་རྫས་འགྱུར་འགྱུར་འབྱུང་གི་ཐོད་རྐྱལ་དབྱེ་འབྱེད་བརྙན་གྲུབ་ནི་ཅི་འདྲའི་གལ་ཆེན་ཞིག་ཡིན་ནམ་ཞེ་ན། དེ་ནི་ཆ་རྡུལ་རྒྱང་པའི་ཚོད་ལྟའི་གོམ་པ་དང་པོ་ཡིན་ལ། ཆེས་གནད་འགག་གི་གོམ་པ་ཞིག་ཀྱང་ཡིན། ཆ་རྡུལ་རྒྱང་པའི་ཚོད་ལྟ་ནི་རྨང་གཞིའི་ཚན་རིག་གི་གནད་དོན་མང་པོ་ཐག་གཅོད་བྱེད་པའི་ཐབས་ལམ་གལ་ཆེན་ཞིག་ཡིན་པས་དཀའ་ཁག་ཧ་ཅང་ཆེན་པོ་ཡོད། ཆ་རྡུལ་རྒྱང་པའི་ཚུར་སྣང་གི་ཚོད་འཛིན་དཀའ་བ་དང་རྗེས་སྙེག་དཀའ་བ། ཞིབ་དཔྱད་ཚད་ལེན་དཀའ་བ་སོགས་ཀྱི་གནད་དོན་གྱིས་འཛམ་གླིང་ཡོངས་ཀྱི་ཚན་རིག་པ་རྣམས་གོམ་སྟབས་སྤོ་དཀའ་བར་གྱུར་ཡོད། ཆ་རྡུལ་རྒྱང་པའི་རྫས་འགྱུར་འགྱུར་འབྱུང་གི་ཐོད་རྐྱལ་དབྱེ་འབྱེད་བརྙན་གྲུབ་གྲུབ་འབྲས་ཀྱིས་རྫས་འགྱུར་བརྙན་གྲུབ་དང་སྐྱེ་དངོས་བརྙན་གྲུབ་ཁྱབ་ཁོངས་ཀྱི་ཞིབ་འཇུག་མི་སྣར་སྔར་ལས་གསལ་བའི་ཕྲ་མཐོང་གྲུབ་ཚུལ་དང་ཕྲ་ཕུང་གི་པར་རིས་མཐོང་ཐུབ་པར་རོགས་འདེགས་བྱེད་ཐུབ་པར་མ་ཟད། རྫས་འགྱུར་འགྱུར་འབྱུང་གནས་ཡུལ་གཟིགས་མཐོང་རང་བཞིན་དང་། རྫས་འགྱུར་དང་སྐྱེ་དངོས་བརྙན་གྲུབ། ཆ་རྡུལ་རྒྱང་པའི་ཚད་འཇལ་སོགས་ཀྱི་ཁྱབ་ཁོངས་སུ་ལག་རྩལ་བྱེད་ཐབས་གསར་བ་འདོན་སྤྲོད་བྱེད་ཐུབ་པས། ཁྱབ་རྒྱ་ཆེ་བའི་བཀོལ་སྤྱོད་ཀྱི་མདུན་ལྟོངས་ལྡན་ནོ། །

05 小型化自由电子激光器

རང་དབང་གློག་རྡུལ་ལྷ་ཟེར་ཆས་ཆུང་གྲས་ཅན།

被国际同行评价为“又一里程碑成果，将为新的应用创造更多可能”的小型化自由电子激光器，这是一束在科学界备受瞩目的、将自由电子激光装置由公里级缩小为十米级的“耀光”。它实现了自由电子激光放大输出，在国际上率先完成台式化自由电子激光原理的实验验证。这项研究成果对于发展小型化、低成本的自由电子激光器具有重大意义。

早在2004年，美、法、英等国的科学家就已通过实验验证了激光可以加速一定品质的电子束，并将其称为“梦之束”。在以后的近20年中，自由电子激光器发展到第四代光源，可以提供从远红外到X射线波段的高亮度相干辐射，用于探测物质内部动态结构，促进了很多学科的发展。但全球仅有的八台第四代激光装置，都是基于传统的射频直线电子加速器来对电子束进行加速，体量都奇大无比，有的绵延数百米，有的绵延数公里，很难实现推广和普及。中国科学家利用台式化的电子加速器发展小型化、低成本的自由电子激光器，使实现许多科学家梦寐以求的目标成为可能。

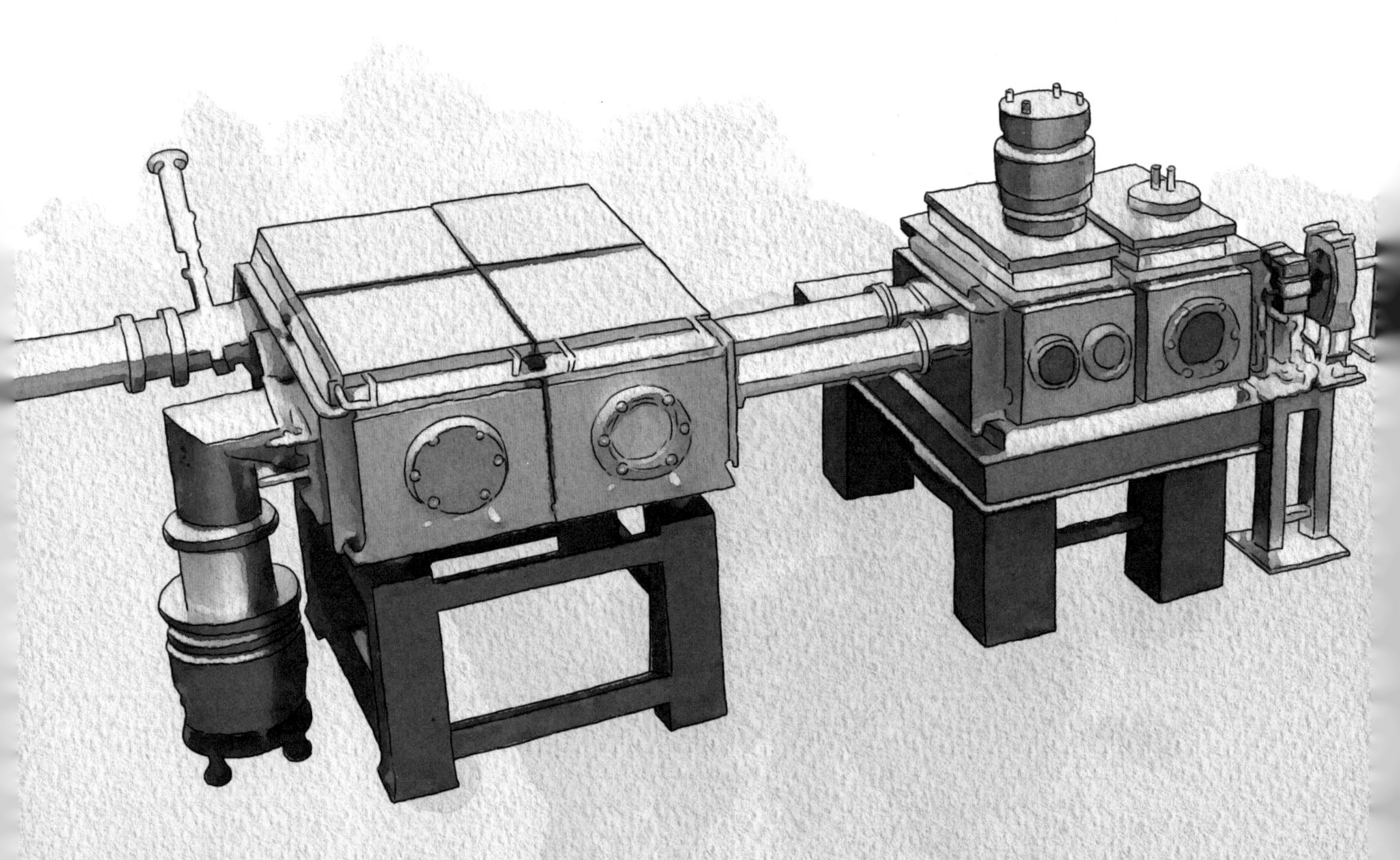

རྒྱལ་སྤྱིའི་ལས་རིགས་གཅིག་པས། “ཡང་མཚོན་རྟགས་རྗེ་རིང་གི་གྲུབ་འབྲས་གཞན་ཞིག་ཡིན་ཞིང་། མ་འོངས་པར་བེད་སྤྱོད་དང་གསར་སྐྲུན་སྟར་ལས་མང་བ”ཞེས་གདེང་འཛོག་བྱས་པའི་རང་དབང་གློག་རྟུལ་ལྷ་ཟེར་ཆས་ཆུང་གྲུས་ཅན་ནི་ཚན་རིག་ལས་རིགས་སུ་ངོ་སྣང་ཆེན་པོ་བྱེད་པ་དང་། རང་དབང་གློག་རྟུལ་ལྷ་ཟེར་སྒྲིག་ཆས་ནི་སྤྱི་ལེ་རིམ་པ་ནས་སྒྲི་བཙུ་རིམ་པར་ཇེ་ཆུང་དུ་བཏང་བའི“འོད་ཟེར”ཞིག་ཡིན་ཞིང་། རང་དབང་གློག་རྟུལ་ལྷ་ཟེར་གྱི་ཆེར་བསྐྱེད་ཕྱིར་གཏོང་མངོན་འགྱུར་བྱུང་ཡོད་ལ། རྒྱལ་སྤྱིའི་སྟེང་དུ་ཐོག་མར་སྟེགས་རྣམ་རང་དབང་གློག་རྟུལ་ལྷ་ཟེར་གྱི་རྩ་བའི་རིགས་པའི་ཚོད་ལྟ་ར་སྤྱོད་ལེགས་གྲུབ་བྱུང་། ཞིབ་འཇུག་གྲུབ་འབྲས་དེས་ཆུང་གྲུས་ཅན་དང་མ་གནས་དམའ་བའི་རང་དབང་གློག་རྟུལ་ལྷ་ཟེར་ཆས་འཕེལ་རྒྱས་གཏོང་བར་དོན་སྙིང་གལ་ཆེན་ལྡན།

2004ལོར། ཨ་རི་དང་ཧྥ་རན་སི། དབྱིན་ཇི་སོགས་རྒྱལ་ཁབ་ཀྱི་ཚན་རིག་པས་ཚོད་ལྟ་བརྒྱུད་ནས། ལྷ་ཟེར་གྱིས་ སྤུས་ཚད་ངེས་ཅན་གྱི་གློག་རྟུལ་རྒྱུན་ཇེ་མགྱོགས་སུ་གཏོང་ཐུབ་པ་ར་སྤྱོད་བྱས་པར་མ་ཟད། དེ་ལ“རྨི་ལམ་གྱི་རྒྱུན”ཞེས་འབོད། དེའི་རྗེས་ཀྱི་ལོ་ངོ20ཡི་རིང་དུ། རང་དབང་གློག་རྟུལ་ལྷ་ཟེར་ཆས་རབས་བཞི་པའི་འོད་ཁུངས་སུ་འཕེལ་རྒྱས་བྱུང་ཞིང་། དམར་ཕྱིའི་རྒྱང་རིང་ནསXའགྲོ་འོད་རླབས་དུམ་གྱི་གསལ་ཚད་མཐོ་བའི་འབྲེལ་ཡོད་འགྱེད་འགྲོ་མགོ་འདོན་བྱེད་ཐུབ་པས། དངོས་པོའི་ནང་ཁུལ་གྱི་འགྱུལ་རྣམ་གྲུབ་ཚུལ་འཚོལ་ཞིབ་བྱེད་པར་བཀོལ་ཏེ། རིག་ཚན་མང་པོ་འཕེལ་རྒྱས་སུ་འགྲོ་བར་སྐུལ་འདེད་བཏང་ཡོད་ཀྱང་། འཛམ་གླིང་ཡོངས་སུ་ལྷ་ཟེར་སྒྲིག་ཆས་རབས་བཞི་པ་བརྒྱད་ལས་མེད་ཅིང་། ཚང་མར་སྲོལ་རྒྱུན་གྱི་འགྲོ་ཐྲེས་དྲང་ཐིག་གློག་རྟུལ་འགྲོས་སྣོན་ཆས་ཀྱིས་གློག་རྟུལ་རྒྱུན་ཇེ་མགྱོགས་སུ་གཏོང་བ་དང་། ལུས་འབོར་ཚང་མ་ཏ་ཅང་ཆེ་བ་དང་ལ་ལ་སྨི་བརྒྱ་ཕྲག་དུ་མའི་སྲུ་འབྲེལ་ཡོད་ཅིང་། ལ་ལ་སྤྱི་ལེ་ཁ་ཤས་ཡོད་པས་ཁྱབ་གདལ་དང་ཁྱབ་སྤེལ་མངོན་འགྱུར་བྱེད་དཀའ། གྲུང་གོའི་ཚན་རིག་པས་སྟེགས་རྣམ་གློག་རྟུལ་འགྲོས་སྣོན་འཕྲུལ་ཆས་སྤྱད་དེ་ཆུང་གྲུས་ཅན་དང་མ་གནས་དམའ་བའི་རང་དབང་གློག་རྟུལ་ལྷ་ཟེར་ཆས་འཕེལ་རྒྱས་སུ་བཏང་བས། ཚན་རིག་པ་མང་པོས་རྨི་ལམ་དུ་རེ་སྒུག་བྱེད་པའི་དམིགས་འབེན་མངོན་འགྱུར་བྱུང་ངོ་། །

06 超导回旋加速器
གེགས་མེད་འཁོར་འཁྱིལ་འགྲོས་སྣོན་ཆས།

2020年9月21日，我国自主研制的超导回旋加速器运行成功，质子束能量首次达到230兆电子伏特。这是继美、德联合项目之后，全球第二次研制出此类高能加速器，标志着我国在相关领域进入国际并跑行列，已全面掌握了小型化、高剂量超导回旋加速器核心技术。

高能回旋加速器的研制非常困难，虽然我国已于2014年建成100兆电子伏特强流质子回旋加速器，但此后多年的科研攻关举步维艰，在克服重重困难之后，借助超导技术，终于实现将质子束的能量提升到230兆电子伏特。

超导回旋加速器体积小、功耗低、束流强度高，每秒钟可以将7100万个质子束团加速到光速的约60%，并连续不断地输出。如此高速的连续质子束，为特殊材料、大功率器件、宇航芯片辐射损伤检验等材料科学和宇航工程，以及空间辐射生物效应、DNA损伤等放射生物学研究提供了新的研究基础条件。特别是它可应用于癌症的快速增强扫描治疗，打破了欧美在小型化精准放疗装备领域的垄断，有望大幅降低高昂的癌症治疗费用。

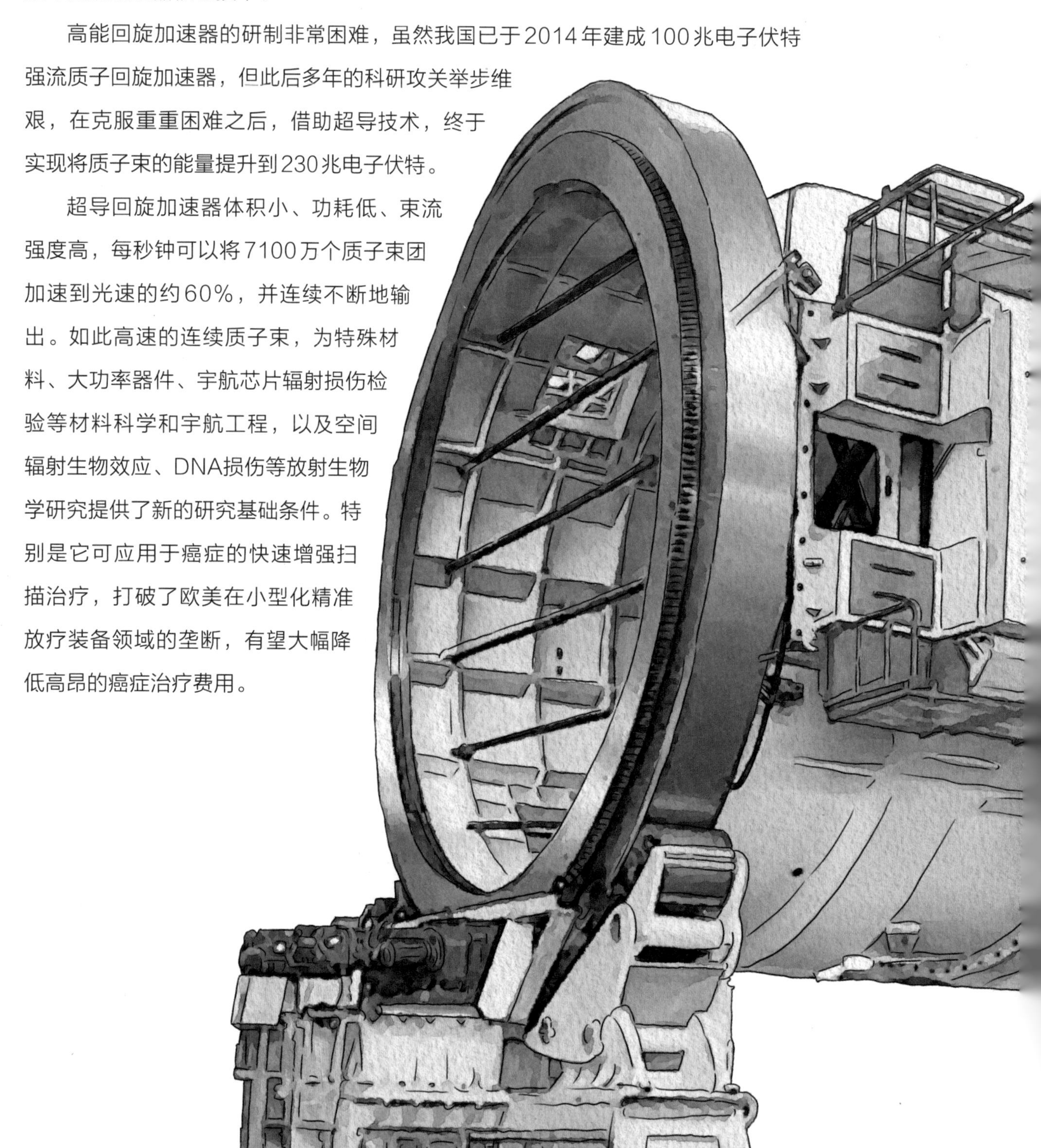

2020ལོའི་ཟླ9པའི་ཚེས21ཉིན། རང་རྒྱལ་གྱིས་རང་བདག་ཞིབ་བཟོ་བྱས་པའི་གེགས་མེད་འཁྲོལ་འཁྱིལ་འགྲོས་སྣོན་ཆས་འཁོར་སྐྱོད་ལེགས་གྲུབ་བྱུང་བ་དང་། ཕྱུས་རྟུལ་རྒྱུན་གྱི་ནུས་ཚད་ཐོག་མར་ཀྲའོ230ཡི་སློག་རྡུལ་ཟླ་ཐེ་ར་སླེབས། འདི་ནི་ཨ་རི་དང་འཇར་མན་གྱི་མཉམ་འབྲེལ་རྣམ་གྲངས་ཀྱི་རྗེས་སུ། གོ་ལ་ཧྲིལ་པོའི་ནུས་ཆེའི་འགྲོས་སྣོན་ཆས་འདི་རིགས་ཞིབ་བཟོ་བྱེད་ཐེངས་གཉིས་པ་ཡིན་ཞིང་། དེས་རང་རྒྱལ་འབྲེལ་ཡོད་ཁྱབ་ཁོངས་སུ་རྒྱལ་ སྤྱིའི་མཉམ་རྒྱུག་གི་གྲས་སུ་སླེབས་པར་མཚོན་པ་དང་། ཆུང་གྲས་ཅན་དང་སྤྱོར་ཚད་མཐོ་བའི་གེགས་མེད་འཁྲོལ་འཁྱིལ་འགྲོས་སྣོན་ཆས་ཀྱི་དཀྱིལ་སྙིང་ལག་རྩལ་ཕྱོགས་ཡོངས་ནས་ཁོང་དུ་ཆུད་པ་མངོན་པར་མཚོན་ཡོད།

ནུས་ཆེའི་འཁྲོལ་འཁྱིལ་འགྲོས་སྣོན་ཆས་ཞིབ་བཟོ་བྱེད་པར་དཀའ་ངལ་ཧ་ཅང་ཆེན་པོ་ཡོད་ཅིང་། རང་རྒྱལ་གྱིས2014ལོར་ཀྲའོ100ཡི་སློག་རྡུལ་ཟླ་ཐེ་ཆེས་དྲག་རྒྱུག་ཕྱུས་རྟུལ་འཁྲོལ་འཁྱིལ་འགྲོས་སྣོན་ཆས་བསྐྲུན་ཟིན་མོད། འོན་ཀྱང་དེའི་རྗེས་ཀྱི་ལོ་མང་པོའི་རིང་གི་ཚན་ཞིབ་འགག་སློལ་གྱི་གོམ་སྟབས་སྤོ་དཀའ་བ་དང་། དཀའ་ངལ་མང་པོ་ཁྱད་བསད་བྱས་རྗེས་གེགས་མེད་ལག་རྩལ་ལ་བརྟེན་ནས། མཐའ་མར་ཕྱུས་རྟུལ་རྒྱུན་གྱི་ནུས་ཚད་སློག་རྡུལ་ཟླ་ཐེ་ཀྲའོ230བར་དུ་ཇེ་མཐོར་བཏང་།

གེགས་མེད་འཁྲོལ་འཁྱིལ་འགྲོས་སྣོན་ཆས་ཀྱི་བོངས་ཚད་ཆུང་བ་དང་། རྩོལ་ཟད་དམའ་བ། རྒྱུན་རྒྱུག་དྲག་ཚད་མཐོ་བ་བཅས་ཀྱིས་སྐར་ཆ་རེར་ཕྱུས་རྟུལ་རྒྱུན་ཚོགས་ཁྲི7100ཡི་མྱུར་ཚད་ནས་འོད་འགྲོས་ཚད་ཀྱི60%ཡས་མས་ཇེ་མགྱོགས་སུ་གཏོང་ཐུབ་པར་མ་ཟད། སུ་མཐུད་དུ་རྒྱུན་མི་ཆད་པར་ཕྱིར་གཏོང་བྱེད་ཐུབ། དེ་འདྲའི་འགྲོས་མྱུར་རྒྱུན་མཐུད་ཕྱུས་རྟུལ་རྒྱུན་གྱིས་དམིགས་བསལ་རྒྱུ་ཆ་དང་རྩོལ་ཕྱོད་ཆེ་བའི་ལྷུ་ཆས། འཇིག་རྟེན་འཕུར་སྐྱོད་འདུས་སྙིང་ཁྱབ་འགྲེད་རྣམ་སྐྱོན་ཞིབ་བཤེར་སོགས་རྒྱུ་ཆའི་ཚན་རིག་དང་འཛིག་རྟེན་འཕུར་སྐྱོད་བཟོ་སྐྲུན། དེ་བཞིན་བར་སྣང་ཁྱབ་འགྲེད་སྐྱེ་དངོས་ཀྱི་ནུས་སྣང་དངDNAརྣམ་སྐྱོན་སོགས་འགྱེད་འཕྲོའི་སྐྱེ་དངོས་རིག་པའི་ཞིབ་འཇུག་ལ་རྨང་གཞིའི་ཆ་རྐྱེན་གསར་པ་འདོན་སྤྲོད་བྱས་ཡོད། ལྷག་པར་དུ་དེ་ཉིད་འབྲས་སྐྲན་མགྱོགས་མྱུར་ངང་བཤེར་འབེབས་སྨན་བཅོས་བྱེད་པར་སྤྱད་ཆོག་པས། ཡོ་རོབ་དང་ཨ་རིའི་གནད་འཕེལ་སྨན་བཅོས་སྤྲིག་ཆས་ཆུང་གྲས་ཁྱབ་ཁོངས་ཀྱི་སྙེར་སྡེམ་གཏོར་ནས། འབྲས་སྐྲན་སྨན་བཅོས་ཀྱི་འགྲོ་གྲོན་ཆེས་ཆེར་ཇེ་དམའ་རུ་གཏོང་ཐུབ་པའི་རེ་བ་བསྐྲུན་ནོ། །

07 超级压电性能的透明铁电单晶

རིམ་འདས་སྒྲོག་གནོན་གཤིས་ནུས་ཀྱི་དྭངས་གསལ་ལྕགས་སྒྲོག་བདར་རྐྱང་།

铁电材料是一种能够实现电声信号转换的智能材料，广泛应用于超声、水声、电子、自控、机械等诸多领域。然而，由于铁电体存在大量的畴壁和晶界，传统的高性能压电材料通常在可见光波段是不透明的，人们只能做出不透明的铁电材料。这一问题长期阻碍了试图将可见光耦合到高性能压电器件中的设想。

经过二十多年的努力，2020年，我国科学家研制出了一种具有超级压电性能的透明铁电单晶，其压电性比同类材料提高了100倍，电光系数提高了40倍，大大推动声——光——电多功能耦合器的发展，至少在透明触觉传感器、透明压电触摸屏和透明超声换能器等研制方面有望引发新的革命。比如，将大幅提升光声成像系统在黑色素瘤、血液病等诊断中的成像分辨率，也为研制高性能电光调制器、光学相控阵和量子光学器件提供了一种全新的关键材料。

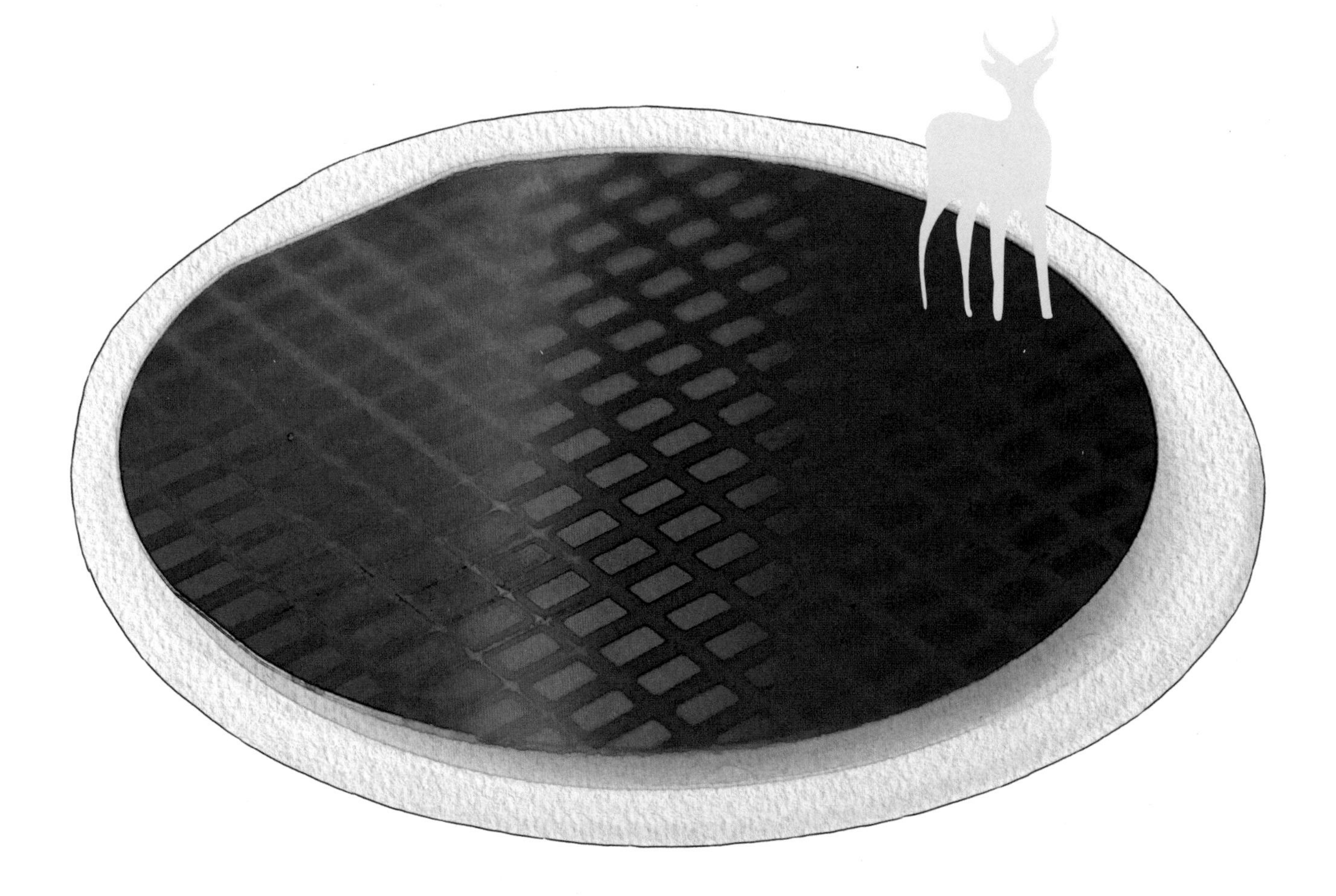

ལྕགས་སྒྲོག་རྒྱུ་ཆ་ནི་སྒྲོག་སྒྲའི་བརྡ་རྟགས་བརྗེ་སྒྱུར་མངོན་འགྱུར་བྱེད་ཐུབ་པའི་རིག་ནུས་རྒྱུ་ཆ་ཞིག་ཡིན་ལ། རིམ་འདས་སྒྲ་དང་ཆུ་སྒྲ། སྒྲོག་རྡུལ། རང་ཚོད་འཛིན་པ། འཕྲུལ་ཆས་སོགས་ཀྱི་ཁྱབ་ཁོངས་མང་པོར་རྒྱ་ཁྱབ་ཏུ་སྤྱོད་བཞིན་ཡོད། ཡིན་ནའང་། ལྕགས་སྒྲོག་གཟུགས་ལ་ཁོངས་ལྡེབས་དང་ཞིལ་མཚམས་འཕོར་ཆེན་ཡོད་པས། སྲོལ་རྒྱུན་གྱི་གཤིས་ནུས་མཐོ་བའི་སྒྲོག་གནོན་རྒྱུ་ཆ་ནི་རྒྱུན་མཐོང་འོད་ཀླབས་དུམ་མཚམས་ནས་ཕྱི་གསལ་ནང་གསལ་མིན་པ་དང་། མི་རྣམས་ཀྱིས་དྭངས་གསལ་མིན་པའི་ལྕགས་སྒྲོག་རྒྱུ་ཆ་ཁོ་ན་ལས་བསྒྱུར་ཐུབ་ཀྱིན་མེད། གནད་དོན་འདིས་དུས་ཡུན་རིང་པོར་མཐོང་ཐུབ་པའི་འོད་ནུས་མཐོན་པོའི་སྒྲོག་གནོན་འཕྲུལ་ཆས་ཀྱི་ལྷུ་ལག་ཁྲིད་དུ་མཐུན་འགྱུར་བསམ་ཚོད་ལ་བཀག་འགོག་ཐེབས་པ་ཡིན།

ལོ་ཙོ་ཉི་ཤུ་ལྷག་གི་རིང་ལ་འབད་བརྩོན་བྱས་པ་བརྒྱུད་དེ། 2020ལོར་རང་རྒྱལ་གྱི་ཚན་རིག་པས་རིམ་འདས་སྒྲོག་གནོན་ནུས་ལྡན་དྭངས་གསལ་གྱི་ལྕགས་སྒྲོག་བདར་རྒྱང་ཞིབ་བཟོ་བྱས། དེའི་སྒྲོག་གནོན་རང་བཞིན་ནི་རིགས་གཅིག་རྒྱུ་ཆ་ལས་ལྷབ100ཇེ་མཐོར་སོང་བ་དང་། སྒྲོག་འོད་བཏགས་གྲངས་ལྷབ40ཇེ་མཐོར་སོང་བས། སྒྲ——འོད——སྒྲོག་ནུས་མང་མཐུན་སྤྱོར་ཆས་འཕེལ་རྒྱས་སུ་འགྲོ་བར་སྐུལ་འདེད་ཆེན་པོ་ཐོབ། ཉུང་མཐར་ཡང་དྭངས་གསལ་གྱི་རིག་ཚོར་འདྲེན་ཆས་དང་། དྭངས་གསལ་གྱི་སྒྲོག་གནོན་རིག་ཡོལ། དྭངས་གསལ་གྱི་རིམ་འདས་སྒྲའི་ནུས་བརྗེ་ཆས་སོགས་ཞིབ་བཟོ་བྱེད་པའི་ཐད་ལ་གསར་བརྗེ་གསར་བ་འབྱུང་བར་རེ་བ་ཡོད་དེ། དཔེར་ན། འོད་སྒྲའི་བརྙན་གྲུབ་མ་ལག་ནི་མདོག་ནག་རྒྱུ་སྐྲན་དང་ཁྲག་ནད་སོགས་ཀྱི་ནད་དཔྱད་ཁྲིད་ཀྱི་བརྙན་གྲུབ་དབྱེ་འབྱེད་ཚད་ཇེ་མཐོར་བཏང་ནའང་། གཤིས་ནུས་མཐོ་བའི་སྒྲོག་འོད་སྟོམ་སྒྲིག་འཕྲུལ་ཆས་དང་འོད་རིག་པན་ཚུན་ཚན་གནས་ཁ་གསབ་སྟར་ཕྲེང་། ཚད་རྡུལ་འོད་རིག་ལྷུ་ཆས་བཅས་ཀྱི་ཞིབ་བཟོ་བྱེད་པར་འགག་རྩའི་རྒྱུ་ཆ་གསར་རྒྱང་མགོ་འདོན་བྱས་ཡོད།

08 钙钛矿太阳能电池
ཀལ་ཙེ་གཏེར་གྱི་ཉི་ནུས་གློག་རྫས།

钙钛矿太阳能电池是重要的新一代光伏技术，其工作稳定性是目前产业化的主要障碍，要提高器件的寿命，需要一种有效的方法以抑制电池使役过程中材料的本征缺陷。在“2019年中国十大科学进展”的榜单中，有一项很有趣但名字却很长的成果——“阐明铕离子对提升钙钛矿太阳能电池寿命的机理”。形象地说，它大幅提升了钙钛矿太阳能电池的寿命，而所用的办法几乎是无本万利的“引入铕离子对”。为啥说“无本”呢？因为在该电池的使用过程中，被引入的铕离子几乎没任何消耗。为啥说“万利”呢？因为该电池的性能得到大幅提高。比如，在连续太阳光照或85摄氏度加热1000小时后，电池仍可保持原有效率的约90%；最大功率连续工作500小时后，仍能保持原有效率的91%。

什么是太阳能电池，什么又是钙钛矿太阳能电池呢？太阳能电池是一种可直接把光能转化成电能的发电装置。第一代太阳能电池主要指单晶硅和多晶硅太阳能电池；第二代太阳能电池主要包括非晶硅薄膜电池和多晶硅薄膜电池。钙钛矿太阳能电池是以钙钛矿型的有机金属卤化物为吸光材料开发的新型太阳能电池，是当前最先进的第三代太阳能电池的杰出代表。本成果不但有望解决钙钛矿太阳能电池中本征稳定性的关键难题，而且对其他钙钛矿光电器件和无机半导体器件都有启发意义。

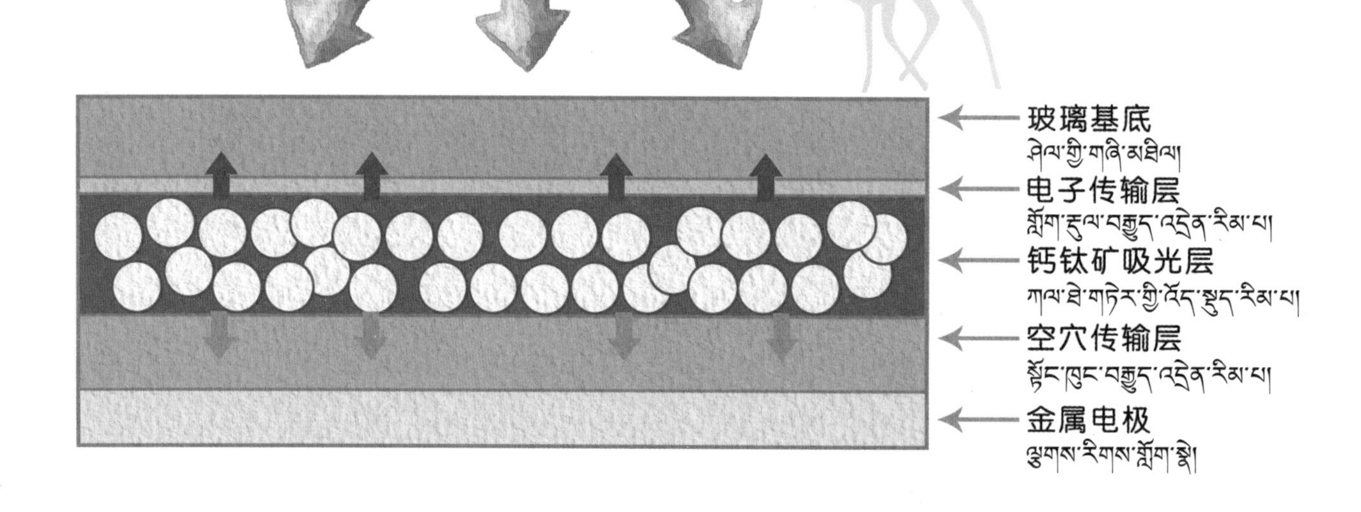

ཀལ་ཟེ་གཏེར་གྱི་ཉི་ནུས་གློག་རྫས་ནི་རབས་གསར་བའི་འོད་ཤུགས་ལག་རྩལ་གལ་ཆེན་ཞིག་ཡིན་ལ། དེའི་བྱ་བའི་གཏན་འཇགས་རང་བཞིན་ནི་མིག་སྔར་ཐོན་ལས་ཅན་གྱི་འགལ་རྐྱེན་གཙོ་བོ་ཡིན། ལྕུ་ཆས་ཀྱི་སྤྱོད་ཡུན་ཇེ་མཐོར་གཏོང་དགོས་ན། ནུས་ལྡན་གྱི་བྱེད་ཐབས་ཤིག་གིས་གློག་རྫས་བཀོལ་སྤྱོད་བྱེད་པའི་བརྒྱུད་རིམ་ཁྲོད་ཀྱི་རྒྱུ་ཆའི་ངོ་བོའི་སྙིང་གི་མི་འདང་ས་ཚོད་འཛིན་བྱེད་དགོས། “2019ལོའི་ཀྲུང་གོའི་ཚན་རིག་གོང་འཕེལ་ཆེན་པོ་བཅུ”ཡི་མིང་ཐོའི་ནང་དུ། སྒྲོ་སྣང་ལྡན་པའི་མིང་ཏ་ཅང་རིང་པོའི་གྲུབ་འབྲས་ཤིག་ཡོད་པ་སྟེ། “ཡིར་གྲེས་རྟུལ་གྱིས་ཀལ་ཟེ་གཏེར་གྱི་ཉི་ནུས་གློག་རྫས་ཀྱི་སྤྱོད་ཡུན་ཇེ་མཐོར་གཏོང་བའི་རྐྱེན་རྩ་གསལ་བཤད་བྱས་ཡོད།” གསོན་ཉམས་ལྡན་པའི་སྒོ་ནས་བཤད་ན། དེས་ཀལ་ཟེ་གཏེར་གྱི་ཉི་ནུས་གློག་རྫས་ཀྱི་སྤྱོད་ཡུན་ཇེ་མཐོར་བཏང་ཡོད་ལ། བཀོལ་སྤྱོད་བྱེད་པའི་ཐབས་ཤེས་ནི་ཏ་ལམ་མ་རྩ་མེད་ཅིང་ཁེ་ཕན་ཀུན་ལྡན་གྱི“ཡིར་གྲེས་རྟུལ་ཆ་འདྲེན”ཡིན། “མ་རྩ་མེད”ཟེར་དོན་ཅི་ཡིན་ནམ་ཞེ་ན། རྒྱུ་མཚན་ནི་གློག་རྫས་དེ་ཉིད་བཀོལ་སྤྱོད་བྱེད་པའི་གོ་རིམ་ཁྲོད་དུ། ནང་འདྲེན་བྱས་པའི་ཡིར་གྲེས་རྟུལ་ལ་ཕལ་ཆེར་ཟད་གྲོན་གང་ཡང་མེད་པ་དང་། “ཁེ་ཕན་ཀུན་ལྡན”ཟེར་དོན་ཅི་ཡིན་ནམ་ཞེ་ན། དེ་ནི་གློག་རྫས་དེའི་གཤིས་ནུས་ལ་མཐོར་འདེགས་ཆེན་པོ་བྱུང་ཡོད་པས་ཡིན། དཔེར་ན། བསྡུད་མར་ཉི་མའི་འོད་འཕྲོ་བའམ་ཧྲེ་ཧྲི་ཏུའུ85ཡི་དྲོད་གཏོང་ཆུ་ཚོད1000འགོར་རྗེས། གློག་རྫས་ཀྱིས་ད་དུང་སྔར་ཡོད་ལས་ཚད་ཀྱི་ཏ་ལམ90%རྒྱུན་འཁྱོངས་བྱེད་ཐུབ། རྩོལ་སྤྱོད་ཆེ་ཤོས་ཀྱིས་བསྡུད་མར་ཆུ་ཚོད500ལས་སླེབ་བྱས་ཀྱང་། ད་དུང་སྔར་ཡོད་ལས་ཚད་ཀྱི91%རྒྱུན་འཁྱོངས་བྱེད་ཐུབ།

ཅི་ཞིག་ལ་ཉི་ནུས་གློག་རྫས་ཟེར་བ་དང་ཅི་ཞིག་ལ་ཀལ་ཟེ་གཏེར་གྱི་ཉི་ནུས་གློག་རྫས་ཟེར་རམ་ཞེ་ན། ཉི་ནུས་གློག་རྫས་ནི་ཐད་ཀར་འོད་ནུས་གློག་ནུས་སུ་བསྒྱུར་ཆོག་པའི་གློག་འདོན་སྒྲིག་ཆས་ཤིག་ཡིན། རབས་དང་པོའི་ཉི་ནུས་གློག་རྫས་ནི་གཙོ་བོར་བདར་རྐྱང་ཤེལ་དང་བདར་མང་ཤེལ་ཉི་ནུས་གློག་རྫས་ལ་ཟེར། རབས་གཉིས་པའི་ཉི་ནུས་གློག་རྫས་ལ་གཙོ་བོར་བདར་ཤེལ་མིན་པའི་སྲབ་སྐྱིའི་གློག་རྫས་དང་བདར་མང་ཤེལ་སྲབ་སྐྱིའི་གློག་རྫས་རིགས་གཉིས་ཡོད། ཀལ་ཟེ་གཏེར་གྱི་ཉི་ནུས་གློག་རྫས་ནི་ཀལ་ཟེ་གཏེར་རིགས་ཀྱི་སྐྱི་ལྡན་ལྕུགས་རིགས་རྩ་རྒྱུ་འགྱུར་རྫས་འོད་སྡུད་རྒྱུ་ཆས་གསར་སྤེལ་བྱས་པའི་ཉི་ནུས་གློག་རྫས་གསར་བ་ཞིག་ཡིན་ཞིང་། མིག་སྔར་ཆེས་སྔོན་ཐོན་གྱི་ཉི་ནུས་གློག་རྫས་རབས་གསུམ་པའི་ཕྱུལ་བྱུང་གི་མཚོན་བྱེད་ཡིན། གྲུབ་འབྲས་དེས་ཀལ་ཟེ་གཏེར་གྱི་ཉི་ནུས་གློག་རྫས་ཁྲོད་ཀྱི་གཏན་འཇགས་རང་བཞིན་གྱི་འགག་རྩའི་དཀའ་གནད་ཐག་གཅོད་ཐུབ་པའི་རེ་བ་ཡོད་པར་མ་ཟད། ད་དུང་གཞན་པའི་ཀལ་ཟེ་གཏེར་གྱི་འོད་གློག་ལྕུ་ཆས་དང་སྐྱི་མེད་ཕྱེད་འདྲེན་གཟུགས་ཀྱི་ལྕུ་ལག་ཚང་མར་བློ་སྒོ་འབྱེད་པའི་དོན་སྙིང་ལྡན་ནོ། །

09 新一代超高强韧钢

རབས་གསར་པའི་རིམ་འདས་དྲག་མཐོའི་ངར་ལྕགས།

超高强度的钢材在航空航天、交通运输、先进核能以及国防装备等国民经济重要领域发挥着支撑作用，也是未来轻型化结构设计和安全防护的关键材料。然而，在过去几十年中，高性能超高强度钢材的研究却始终未能突破传统设计理念，以至难以在产量、规格和强度分布不均匀等方面有所突破，这不仅降低了材料的塑韧性，同时，昂贵的制备成本也限制了实际应用，成为困扰各个国家钢铁工业高端发展的难题。

这项难题在2017年被我国科学家攻破，他们大胆创新，提出了基于高密度共格纳米相析出强化的超高强合金的设计新思想，采用轻质且便宜的铝元素替代过去贵重的合金元素，既大幅降低了成本，又研发出强度达到2200兆帕以上的新一代超高强度钢材，同时，不损害塑性，延伸率保持在8%以上。为此，《自然》杂志专门发表评述文章指出，该研究以完美的超强马氏体钢设计思想、简化的合金元素及析出相强化本质，为研发具有优异的强度、塑性和成本相结合的结构材料提供了新途径。

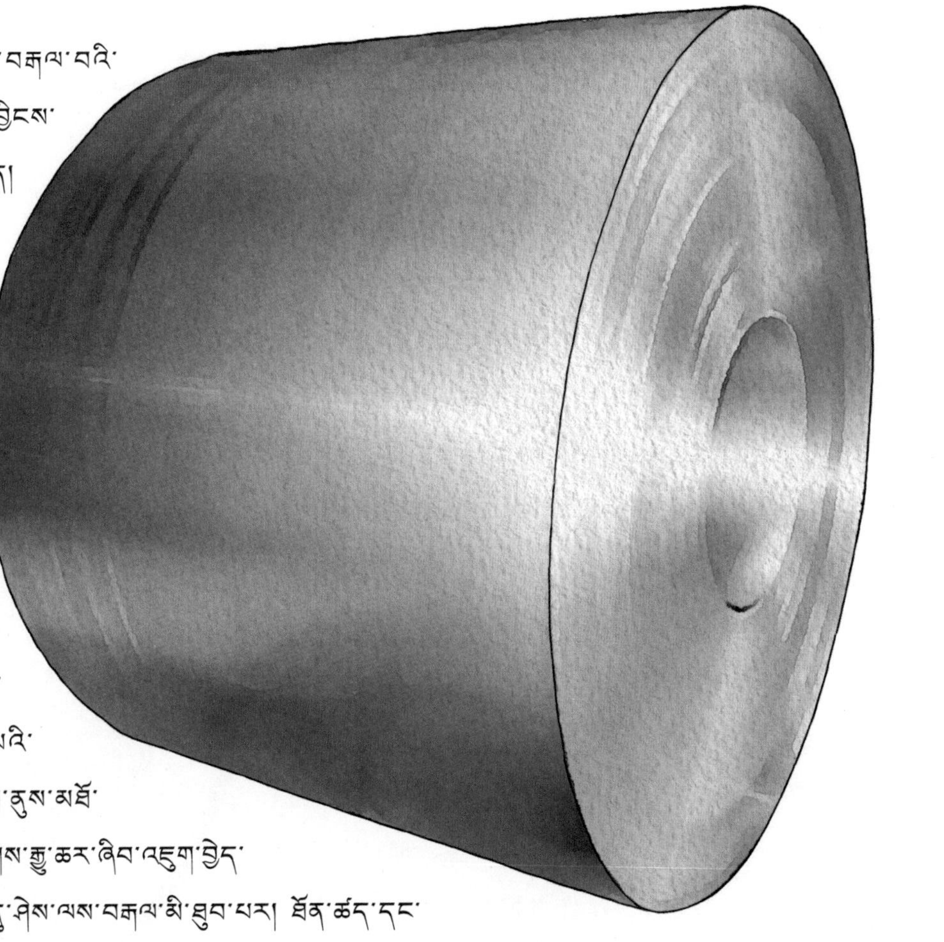

རིམ་འདས་ཤུགས་ཚད་ལས་བརྒལ་བའི་ངར་ལྕགས་རྒྱུ་ཆས་མཁའ་འགྲུལ་དབྱིངས་སྐྱོད་དང་། འཁྲིམ་འགྲུལ་སྐྱེལ་འདྲེན། སྔོན་ཐོན་ཉིང་ནུས། དེ་བཞིན་རྒྱལ་སྲུང་སྒྲིག་ཆས་སོགས་རྒྱལ་དམངས་དཔལ་འབྱོར་གྱི་ཁྱབ་ཁོངས་གལ་ཆེན་དུ་འདེགས་སྐྱོར་ནུས་པ་འདོན་སྤེལ་བྱེད་བཞིན་ཡོད་ལ། མ་འོངས་པའི་ཡང་བའི་རིགས་ཀྱི་གྲུབ་ཚུལ་འཆར་འགོད་དང་བདེ་འཇགས་འགོག་སྲུང་གི་འགག་རྩའི་རྒྱུ་ཆ་ཞིག་ཀྱང་ཡིན། འོན་ཀྱང་འདས་ཟིན་པའི་ལོ་བཅུ་ཕྲག་ཁ་ཤས་ནང་དུ། གཤིས་ནུས་མཐོ་བའི་རིམ་འདས་དྲག་མཐོའི་ངར་ལྕགས་རྒྱུ་ཆར་ཞིབ་འཇུག་བྱེད་སྐབས་སྤྱོལ་རྒྱུན་གྱི་འཆར་འགོད་འདྲ་ཤེས་ལས་བརྒལ་མི་ཐུབ་པར། ཐོན་ཚད་དང་ཚད་གཞི། ཤུགས་ཚད་བཅས་དོ་སྙོམས་མེད་པ་སོགས་ཀྱི་ཐད་ནས་ཐོད་རྒལ་འབྱུང་དཀའ་བས། རྒྱུ་ཆའི་འཁྱིག་བཟོས་མཉེན་ཚད་ཇེ་དམའ་རུ་ཕྱིན་པར་མ་ཟད། དུས་མཚུངས་སུ་རིན་གོང་མཐོ་བའི་བཟོས་ཐོབ་མ་གནས་ཀྱིས་དངོས་ཡོད་བེད་སྤྱོད་ལ་ཆོད་འཛིན་ཐེབས་ཏེ། རྒྱལ་ཁབ་སོ་སོའི་ངར་ལྕགས་བཟོ་ལས་མཐོ་རིམ་འཕེལ་རྒྱས་ཀྱི་དཀའ་གནད་དུ་གྱུར་ཡོད།

དཀའ་གནད་དེ2017ལོར་རང་རྒྱལ་གྱི་ཚན་རིག་པས་སེལ་ཐུབ་པ་བྱུང་བ་དང་། ཁོང་ཚོས་བློ་ཁོག་ཆེན་པོས་གསར་གཏོད་བྱས་ཏེ། སྟུག་ཚད་མཐོ་བའི་ཀུང་ཀེ་ནཱ་སྨི་རྣམ་པར་ཐོན་པའི་དྲག་ཅན་གྱི་རིམ་མཐོ་བསྲེས་ལྕགས་ཀྱི་འཆར་འགོད་བསམ་བློ་གསར་བ་བཏོན་པ་དང་། རྒྱུ་ཆ་ཡང་ཞིང་རིན་གོང་བདེ་བའི་ཏ་ཡང་གི་གཞི་རྒྱུ་སྤྱད་དེ་སྟོན་ཆད་ཀྱི་བསྲེས་ལྕགས་ཀྱི་གཞི་རྒྱུ་རྩ་ཆེན་གྱི་ཚབ་བྱས་པས། མ་གནས་ཇེ་དམའ་རུ་ཆེས་ཆེར་བཏང་བར་མ་ཟད། ད་དུང་ཤུགས་ཚད་ཀྲའོ་ཕ2200ཡན་ཟིན་པའི་རབས་གསར་བའི་རིམ་འདས་ཤུགས་ཚད་མཐོ་བའི་ངར་ལྕགས་རྒྱུ་ཆ་ཞིབ་བཟོ་བྱས་པ་དང་། ཆབས་ཅིག་ཏུ་འཁྱིག་གཤིས་ལ་མི་གནོད་པ་དང་སྣར་སྲིང་བྱེད་ཚད8%ཡན་རྒྱུན་འཁྱོངས་བྱེད་ཐུབ། དེ་བས།《རང་བྱུང》དུས་དེབ་ཀྱིས་ཆེད་མངགས་དཔྱད་བརྗོད་རྩོམ་ཡིག་སྤེལ་ནས་བསྔགས་བསྟོད་བྱས། ཞིབ་འཇུག་དེས་ཕུན་སུམ་ཚོགས་པའི་ཤུགས་ལྡན་མ་རྫི་གཟུགས་ཀྱི་ངར་ལྕགས་འཆར་འགོད་བསམ་བློ་དང་། སྟབས་བདེའི་མཉམ་བསྲེས་ལྕགས་རིགས་ཀྱི་གཞི་རྒྱུ་དང་དེ་བཞིན་ཐོན་པའི་རྣམ་པ་དྲག་ཅན་གྱི་ངོ་བོ། ད་དུང་ཕུལ་བྱུང་གི་ཤུགས་ཚད་དང་འཁྱིག་གཤིས། མ་གནས་ཟུང་འབྲེལ་བྱེད་པའི་གྲུབ་ཆའི་རྒྱུ་ཆ་ཞིབ་འཇུག་གསར་སྤེལ་བྱེད་པར་ཐབས་ལམ་གསར་པ་མགོ་འདོན་བྱས་ཡོད་དོ། །

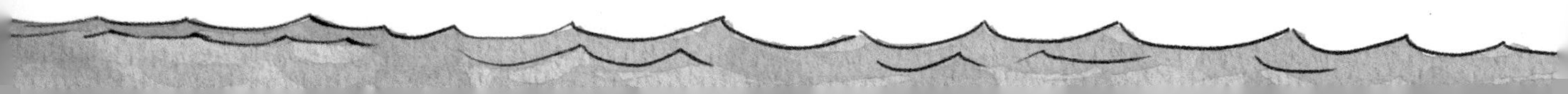

10 第三代全磁悬浮人工心脏

རབས་གསུམ་པའི་ཡོངས་སྡུད་གཡེང་འཕྱོ་མིས་བཟོས་སྙིང་།

2017年6月26日，北京阜外医院用我国完全自主研发、具有自主知识产权的第三代全磁悬浮人工心脏救治了第三例危重患者。患者术后第2天清醒，第3天坐起进食，第4天开始下地活动。在完成了一系列恢复性治疗和训练后，再经过对设备的反复调试，患者带着人工心脏走出医院，回归正常生活，并获得“心”生。这标志着我国人工心脏研究进入了新阶段。

早在2015年，我国就研制出了全球最小的第三代全磁悬浮式人工心脏，其重量不足180克，大小类似于乒乓球。通过对37例大动物的实验，科学家进一步优化了设备的抗凝性、血液相容性、抗电磁干扰性、手术易操作性和测温能力等，为后期进入临床打下了坚实的基础。这项研究成果不仅填补了国内空白，为晚期心力衰竭患者带来了希望，也是近10年来治疗重症心脏病进展最快的高端技术之一。

人工心脏是复杂精密的医疗器械，相关数据显示，我国新型人工心脏植入术在感染风险防控、装置可靠性、血液相容性等性能上都表现出色，达到国际领先水平。

2017ལོའི་ཟླ6པའི་ཚེས26ཉིན། པེ་ཅིན་ཧྥུ་ཝའི་སྨན་ཁང་གིས་རང་རྒྱལ་གྱིས་རང་བདག་ཞིབ་བཟོ་བྱས་པ་དང་རང་བདག་ཤེས་བྱའི་བདག་དབང་ལྡན་པའི་ཡོངས་སྡུད་གཡེང་འཕྱོ་མིས་བཟོས་སྙིང་ལ་བརྟེན་ནས་ཉེན་ཁ་ཆེ་བའི་ནད་པ་གསུམ་པ་སྐྱོབ་བཅོས་བྱས། གཤགས་བཅོས་བྱས་རྗེས་ཀྱི་ཉིན2པ་ནས་བཟུང་ནད་པའི་རིག་པ་གསལ་པོ་ཡིན་པ་དང་། ཉིན3པར་ཙོག་ནས་ཟ་མ་བཟའ་ཐུབ་ཅིང་། ཉིན4པ་ནས་བཟུང་སར་བབས་ནས་འགུལ་སྐྱོད་བྱེད་ཐུབ་པ་བྱུང་། སླར་གསོ་རང་བཞིན་གྱི་སྨན་བཅོས་དང་སྦྱོང་བརྡར་རབ་དང་རིམ་པ་བྱས་ཤིང་། སྒྲིག་ཆས་ལ་ཚོད་ལྟ་ཡང་ཡང་བྱས་པ་བརྒྱུད་མཐར། ནད་པས་མིས་བཟོས་སྙིང་ཁོག་ཏུ་བཅུག་སྟེ་སྨན་ཁང་ནས་ཕྱིར་བུད་དེ་རྒྱུན་ལྡན་གྱི་འཚོ་བ་རོལ་བར་མ་ཟད། “སྙིང”གསོན་པོར་གྱུར་པ་རེད། དེས་རང་རྒྱལ་གྱི་མིས་བཟོས་སྙིང་ཞིབ་འཇུག་དུས་རིམ་གསར་བར་སླེབས་པ་མཚོན་ཡོད།

2015ལོར་རང་རྒྱལ་གྱིས་གོ་ལ་ཧྲིལ་པོའི་ཆེས་ཆུང་བའི་ཡོངས་སྡུད་གཡེང་འཕྱོ་རྣམ་པའི་མི་བཟོས་སྙིང་རབས་གསུམ་པ་ཞིབ་བཟོ་བྱས་པ་དང་། དེའི་ལྗིད་ཚད་ཁེ180ལས་མེད་པ་དང་ཆེ་ཆུང་ནི་ཅོག་གྲུག་དང་འདྲ་མཚུངས་ཡིན། སྲོག་ཆགས་ཆེ་གྲས37ལ་ཚོད་ལྟ་བྱས་པ་བརྒྱུད་དེ། ཚན་རིག་པས་སྒྲིག་ཆས་ཀྱི་དཀག་འགོག་རང་བཞིན་དང་ཁྲག་རྒྱུན་གྱི་འདྲེས་སྦྱོར་རང་བཞིན། གློག་སྡུད་འགལ་རྐྱེན་

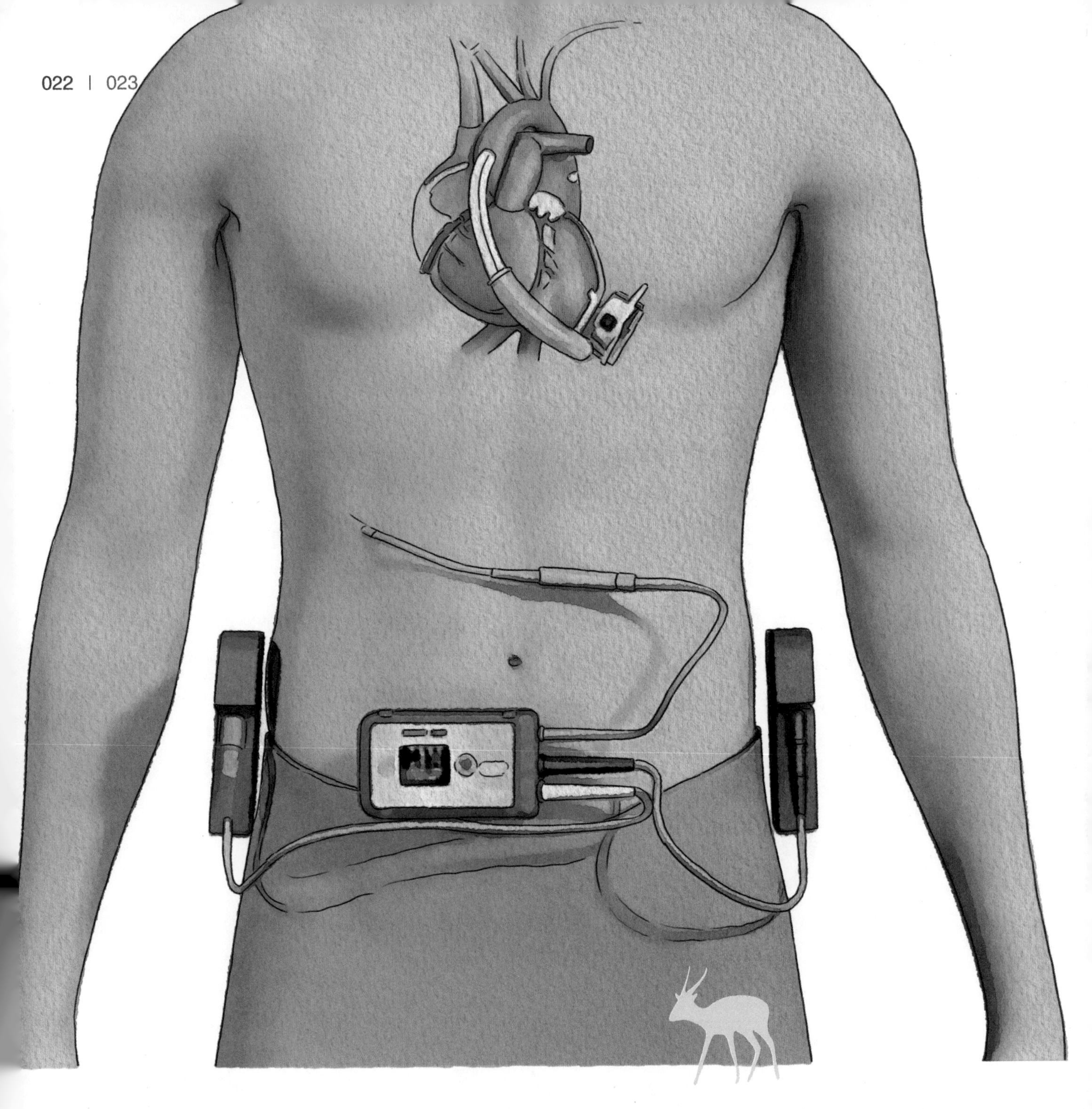

འགོག་པའི་རང་བཞིན། གཤགས་བཅོས་བཀོལ་སྤྱོད་སླ་བའི་རང་བཞིན་དང་དྲོད་ཚད་འཇལ་བའི་ནུས་པ་སོགས་སྟར་ལས་ཇེ་ལེགས་སུ་བཏང་ནས། དུས་མཇུག་གི་ནད་ཐོག་སྨན་བཅོས་བྱེད་པར་རྨང་གཞི་བརྟན་པོ་བཏིང་ཡོད། ཞིབ་འཇུག་གྲུབ་འབྲས་དེས་རྒྱལ་ནང་གི་སྟོང་ཆ་བསྐངས་པར་མ་ཟད། དུས་མཇུག་གི་སྙིང་ཤུགས་ཉམས་ཟད་ཀྱི་ནད་པར་རེ་བ་སྦྱིན་པ་དང་། ཉེ་བའི་ལོ10ཡི་རིང་གི་ནད་གཞི་ཚབས་ཆེན་གྱི་སྙིང་ནད་སྨན་བཅོས་གོང་འཕེལ་མགྱོགས་ཤོས་ཀྱི་མཐོ་རིམ་ལག་རྩལ་གྲུས་ཀྱི་གཅིག་ཀྱང་ཡིན།

མིས་བཟོས་སྙིང་ནི་ར�F྄ཉག་འཛིང་ཆེ་ཞིང་ཞིབ་ཚགས་ཀྱི་སྨན་བཅོས་ཡོ་བྱད་ཅིག་ཡིན་པ་དང་། འབྲེལ་ཡོད་གྲངས་གཞི་ལས་མངོན་པ་ལྟར་ན། རང་རྒྱལ་གྱི་ལུགས་གསར་མིའི་བཟོས་སྙིང་འཛོག་པའི་ལག་རྩལ་ནི་འགོས་ནད་སྔོན་འགོག་ཚོད་འཛིན་དང་སྒྲིག་ཆས་རྟེན་ཉུང་རང་བཞིན། ཁྲག་རྒྱུན་གྱི་འདྲེས་སྦྱོར་རང་བཞིན་སོགས་ཀྱི་ཐད་ནས་ནུས་པ་མངོན་གསལ་དོད་པོ་ཡིན་པས། རྒྱལ་སྤྱིའི་སྔོན་ཐོན་ཆུ་ཚད་དུ་སླེབས་ཡོད་དོ། །

11 纳米孪晶金刚石
ནྣ་སྨི་མཚེ་བདར་རྡོ་རྗེ་ཕ་ལམ།

2014年，我国科学家首次合成了一种名叫“孪晶金刚石”的新材料，它的体积虽然只有约3.8纳米，但其硬度却是天然金刚石的两倍，成为目前已知的最硬材料。此外，它还具有很好的热稳定性，在空气中的起始氧化温度比天然金刚石高出200摄氏度以上。这意味着我国科学家成功开辟出了一条能同时提高材料硬度、韧性和热稳定性的新途径。为此，包括国际知名的《自然》和《时代周刊》在内的众多媒体，对它进行了密集的亮点报道。

这项研究成果到底有多重要呢？材料硬度作为最直观的物理性质之一，一直是大家的研究热点。天然金刚石在2700多年前被发现以来，一直被公认为是自然界中最硬的材料，是材料硬度研究领域的标杆。1955年，美国成功合成了人造金刚石单晶，揭开了金刚石工业应用的新篇章，树起了超硬材料研究的里程碑。这类硬度极高的材料对于军事、科研、工业、民用都有很重要的意义。因此，寻找硬度超过金刚石的材料，成为这个领域科研工作者一个长期的挑战目标。

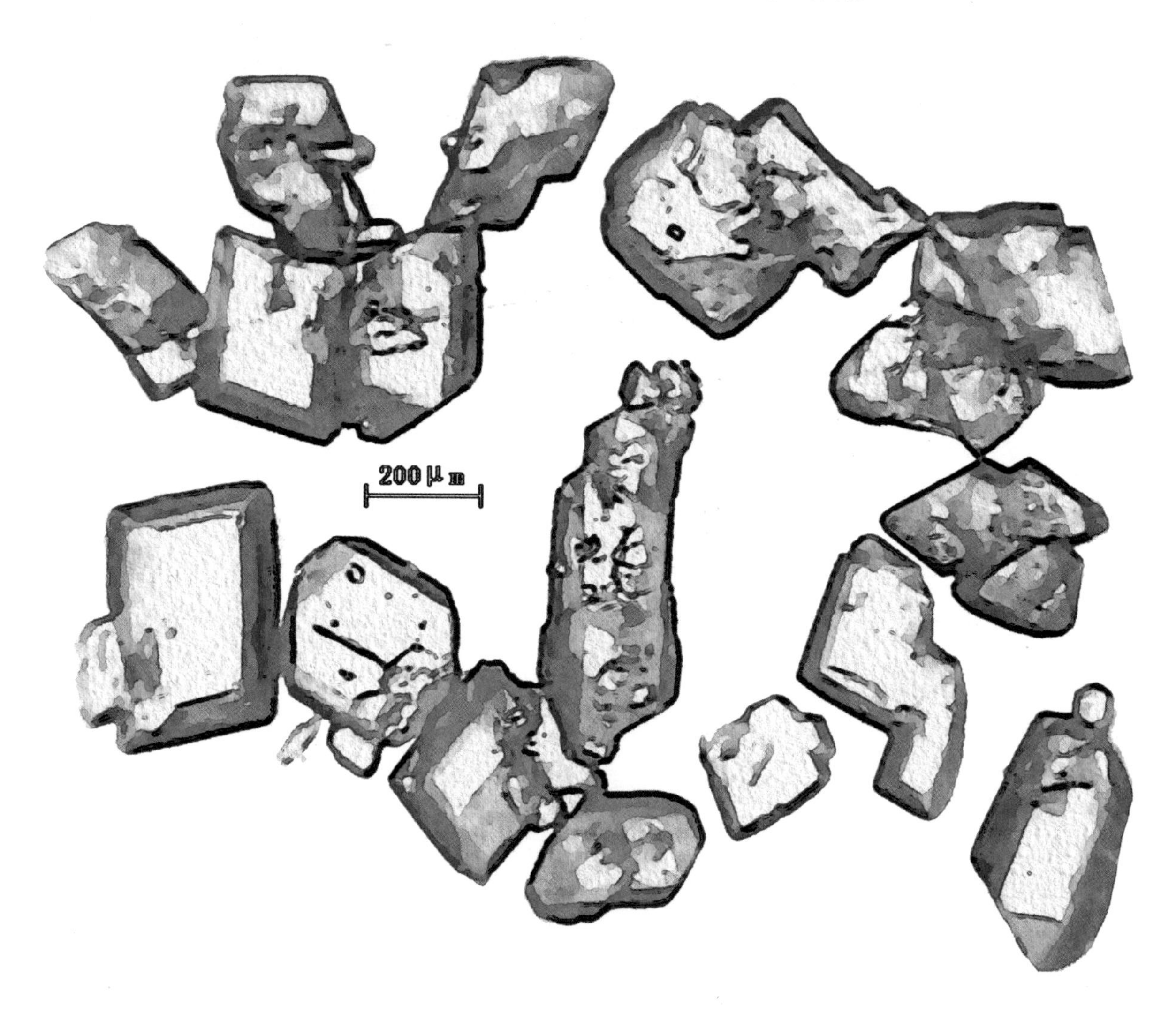

2014ལོར། རང་རྒྱལ་གྱི་ཚན་རིག་མཁས་པས་མིང་ལ"མཆེ་བདར་རྡོ་རྗེ་ཕ་ལམ"ཞེས་པའི་རྒྱུ་ཆ་གསར་པ་ཞིག་ཐོག་མར་འདྲེས་སྦྱོར་བྱས་པ་དང་། དེའི་བོངས་ཚད་ནྣ་སྨི3.8ཙམ་ལས་མེད་ཀྱང་དེའི་སྲ་ཚད་ནི་རང་བྱུང་རྡོ་རྗེ་ཕ་ལམ་གྱི་ལྡབ་གཉིས་ཡིན་པས། མིག་སྔར་ཤེས་རྟོགས་བྱུང་བའི་རྒྱུ་ཆ་མཁྲེགས་ཤོས་སུ་གྱུར་ཡོད། དེ་མིན་འདི་ལ་ད་དུང་དྲོད་ཚད་བརྟན་འཛུགས་རང་བཞིན་ལྡན་ཏེ། མཁའ་ལྡིང་ཁྲོད་ཀྱི་ཐོག་མའི་དབྱང་འགྱུར་དྲོད་ཚད་ནི་རང་བྱུང་རྡོ་རྗེ་ཕ་ལམ་ལས་ཧྲི་ཧྲི་ཏུཙ200ཡན་གྱི་མཐོ་བ་ཡིན། དེ་ལས་མངོན་པར་མཚོན་པ་ནི། རང་རྒྱལ་གྱི་ཚན་རིག་པས་དུས་མཚུངས་སུ་རྒྱུ་ཆའི་སྲ་ཚད་དང་མཉེན་ཚད། དྲོད་ཚད་བཅས་ཇེ་མཐོར་གཏོང་བའི་ཐབས་ལམ་གསར་པ་ཞིག་བཏོན་ཡོད། དེ་བས་རྒྱལ་སྤྱིའི་སྟེང་དུ་སྐད་གྲགས་མཐོ་བའི《རང་བྱུང》དང《དུས་རབས་གཟའ་དེབ》སོགས་སྤྱན་སྦྱོར་མང་པོས་དེའི་བཀྲག་མདངས་འཚེར་བའི་ཁྱད་ཆོས་དང་གནས་ཚུལ་སྤེལ་གཏོང་མང་པོ་བྱས་ཡོད།

ཞིབ་འཇུག་གྲུབ་འབྲས་དེ་ལ་དོན་སྙིང་གལ་ཆེན་ཅི་འདྲ་ལྡན་ནམ་ཞེ་ན། རྒྱུ་ཆའི་སྲ་ཚད་ནི་ཆེས་ཐད་མཐོང་གི་དངོས་ལུགས་ངོ་བོའི་གྲུས་ཤིག་ཡིན་པའི་ཆ་ནས། ཐོག་མཐའ་བར་གསུམ་དུ་ཚང་མའི་ཞིབ་འཇུག་བྱ་ཡུལ་ཞིག་ཡིན། ལོ་ངོ2700ལྷག་གི་སྔོན་དུ་རང་བྱུང་རྡོ་རྗེ་ཕ་ལམ་རྙེད་པ་ནས་བཟུང་། དེ་ནི་རང་བྱུང་ཁམས་ཀྱི་ཆེས་སྲ་མཁྲེགས་ཀྱི་རྒྱུ་ཆ་ཡིན་པ་ཀུན་གྱིས་ཁས་ལེན་པ་དང་། རྒྱུ་ཆའི་སྲ་ཚད་ནི་ཞིབ་འཇུག་ཁྱབ་ཁོངས་ཀྱི་ཚད་ཤིང་ཡིན། 1955ལོར། ཨ་རིས་མིས་བཟོས་རྡོ་རྗེ་ཕ་ལམ་གྱི་བདར་རྐྱང་འདྲེས་སྦྱོར་ལེགས་གྲུབ་བྱུང་ནས། རྡོ་རྗེ་ཕ་ལམ་བཟོ་ལས་བེད་སྤྱོད་ཀྱི་ལེ་ཚན་གསར་པ་ཞིག་ཕྱེ་བ་དང་། རྒྱུ་ཆ་སྲ་མོ་ཞིབ་འཇུག་གི་མཚོན་རྟགས་རྡོ་རིང་བཙུགས། སྲ་ཚད་ཧ་ཅང་མཐོ་བའི་རྒྱུ་ཆ་དེ་རིགས་ནི་དམག་དོན་དང་ཚན་ཞིབ། བཟོ་ལས། དམངས་སྤྱོད་སོགས་ཀྱི་ཐད་ལ་དོན་སྙིང་གལ་ཆེན་ལྡན་པས། སྲ་ཚད་རྡོ་རྗེ་ཕ་ལམ་ལས་བརྒལ་བའི་རྒྱུ་ཆ་འཚོལ་ཞིབ་བྱ་རྒྱུ་ནི་ཁྱབ་ཁོངས་དེའི་ཚན་ཞིབ་ལས་དོན་པའི་ཡུན་རིང་གི་འགྲན་སློང་དམིགས་འབེན་ཞིག་ཏུ་གྱུར་ཡོད།

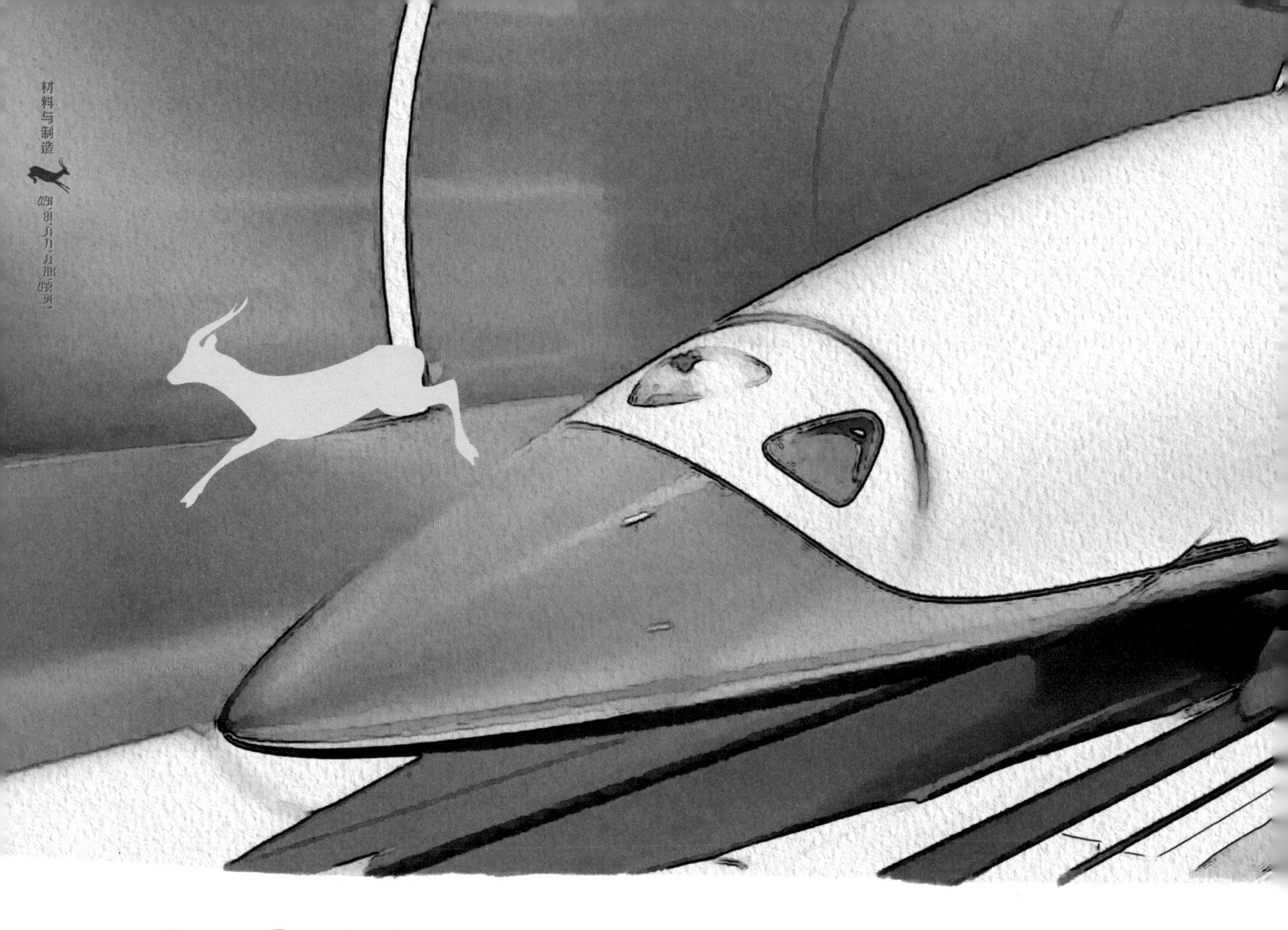

12 铁基高温超导材料
ལྕགས་གཞིའི་དྲོད་ཚད་མཐོ་བའི་གེགས་མེད་རྒྱ་ཆ།

超导是物理世界中最奇妙的现象之一。正常情况下，电子在金属中运动时，会因为金属晶格的不完整性而发生弹跳损耗能量，即有电阻。而超导状态下，电子能毫无羁绊地前行。高温超导材料是指材料在某个相对较高的临界温度，电阻突降至零。由于在凝聚态物理领域的优势，它成为21世纪材料领域最重要的研究方向，高温超导材料科学家已有10人获得诺贝尔奖。但是，超导现象一般都要在接近绝对零摄氏度时才会出现，若想找到转变温度较高的超导材料非常困难，以至成了各国科学家长期追求的重要目标。

2013年，“40K以上铁基高温超导体”成果被评为国家自然科学一等奖，换句话说，我国科学家研制成的铁基高温超导材料，成为该领域一个新的里程碑。为此，《科学》杂志评论说：“中国如洪流般不断涌现的（高温超导）研究结果，标志着其在凝聚态物理领域已成为一个强国。”随着科技的发展，超导材料将得到越来越广泛的应用。比如，超导磁悬浮列车就充分利用了超导原理，医用磁共振成像仪中的磁体也基本上都是由超导材料制成的。

གེགས་མེད་ནི་དངོས་ལུགས་འཛིག་རྟེན་ཁྲོད་ཀྱི་ཆེས་ངོ་མཚར་ཆེ་བའི་སྣང་ཚུལ་ཞིག་ཡིན། རྒྱུན་ལྡན་གྱི་གནས་ཚུལ་འོག་ཏུ། གློག་རྡུལ་ལྕགས་རིགས་ཁྲོད་དུ་འགྲུལ་སྐྱོད་བྱེད་སྐབས། ལྕགས་རིགས་ཀྱི་བདར་ཞིག་འབྱུས་ཚང་མིན་པའི་དབང་གིས་ལྡེམ་ཤུགས་བྱུང་ནས་ནུས་ཚད་ཟད་གྲོན་དུ་འགྲོ་བ་དེ་ལ་གློག་གེགས་ཟེར། ཡིན་ནའང་གེགས་མེད་རྣམ་པའི་འོག་ཏུ། གློག་རྡུལ་ནུས་པར་འཆིང་རྒྱ་ཅི་ཡང་མེད་པར་མདུན་དུ་བསྐྱོད་ཐུབ། དྲོད་ཚད་མཐོ་བའི་གེགས་མེད་རྒྱུ་ཆ་ནི་རྒྱུ་ཆ་སྡོམས་བཅས་ཀྱི་ཙུང་མཐོ་བའི་འགྱུར་མཚམས་དྲོད་ཚད་འོག་ཏུ། གློག་གེགས་སྒོ་བུར་དུ་སྟོད་གོར་དུ་འགྱུར་བ་དང་། དེར་གོང་བུར་འཁྱིལ་བའི་རྣམ་པའི་དངོས་ལུགས་ཁྱབ་ཁོངས་ཀྱི་དགེ་མཚན་ལྡན་པའི་དབང་གིས། དུས་རབས21པའི་རྒྱུ་ཆའི་ཁྱབ་ཁོངས་ཀྱི་ཞིབ་འཇུག་ཁ་ཕྱོགས་གལ་ཆེན་ཞིག་ཏུ་གྱུར་ཡོད་ཅིང་། དྲོད་ཚད་མཐོ་བའི་གེགས་མེད་རྒྱུ་ཆའི་ཚན་རིག་པ10ལ་ནོ་བེར་བྱ་དགའ་ཐོབ་སྩོང་། འོན་ཀྱང་གེགས་མེད་སྣང་ཚུལ་ནི་ཕྱིར་བཏང་དུ་བསྟོས་མེད་སླད་ཀོར་གྱི་ཧྲེ་ཧྲི་ཏུའུ་གྲངས་ལ་ཉེ་བའི་སྐབས་སུ་ད་གཟོད་འབྱུང་སྲིད་ཅིང་། གལ་ཏེ་དྲོད་ཚད་ཙུང་མཐོ་བའི་གེགས་མེད་རྒྱུ་ཆ་འགྱུར་བར་བྱེད་པའི་རྒྱུ་ཆ་ཞིག་རྙེད་འདོད་ན་ཏ་ཅང་དཀའ་བ་དང་། དེ་ཉིད་ནི་རྒྱལ་ཁབ་སོ་སོའི་ཚན་རིག་པས་དུས་ཡུན་རིང་པོར་བརྩོན་ལེན་བྱེད་པའི་དམིགས་འབེན་གལ་ཆེན་ཞིག་ཏུ་གྱུར་ཡོད།

2013ལོར"40Kཡན་གྱི་ལྕགས་གཞིའི་དྲོད་ཚད་མཐོ་བའི་གེགས་མེད་གཟུགས"ཀྱི་གྲུབ་འབྲས་ནི་རྒྱལ་ཁབ་ཀྱི་རང་བྱུང་ཚན་རིག་གི་བྱ་དགའ་ཨང་དང་པོར་བདམས་པ་དང་། ངོས་གཞན་ཞིག་ནས་བཤད་ན། རང་རྒྱལ་གྱི་ཚན་རིག་པས་ཞིབ་བཟོ་བྱས་པའི་ལྕགས་གཞིའི་དྲོད་ཚད་མཐོ་བའི་གེགས་མེད་རྒྱུ་ཆ་ནི་ཁྱབ་ཁོངས་འདིའི་མཚོན་རྟགས་རྗེ་རིང་གསར་བ་ཞིག་ཏུ་གྱུར་ཡོད། དེ་བས། 《ཚན་རིག》དུས་དེབ་སྟེང་དུ་དཔྱད་གཏམ་འདི་ལྟར་སྤེལ་ཡོད་དེ། "ཀྲུང་གོའི་ཀླབས་རྒྱུན་ལྟར་རྒྱུན་ཆད་མེད་པར་ཐོན་པའི(དྲོད་ཚད་མཐོ་བའི་གེགས་མེད)ཞིབ་འཇུག་བྱས་འབྲས་ཀྱི་ཐོག་ནས་གོང་བུར་འཁྱིལ་བའི་རྣམ་པའི་དངོས་ཁམས་ཁྱབ་ཁོངས་ཀྱི་རྒྱལ་ཁབ་སྟོབས་ཆེན་ཞིག་ཏུ་གྱུར་པ་མཚོན"ཞེས་པའོ། །ཚན་རྩལ་འཕེལ་རྒྱས་བྱུང་བ་དང་བསྟུན་ནས། གེགས་མེད་རྒྱུ་ཆ་ཉིན་རེ་བཞིན་རྒྱ་ཁྱབ་ཏུ་བེད་སྤྱོད་བྱེད་བཞིན་ཡོད་ཅིང་། དཔེར་ན། གེགས་མེད་ཀྱི་སྟུད་གཡེང་འཕྱོ་མེ་འཁོར་གྱིས་གློག་འགོག་མེད་པའི་རྩ་བའི་རིགས་པ་བེད་སྤྱོད་གང་ལེགས་བྱས་ཡོད་པ་དང་། སྨན་སྤྱོད་སྟུད་མཉམ་འདར་བརྙན་གྲུབ་དཔྱད་ཆས་ནང་གི་སྟུད་གཟུགས་ཀྱང་གཞི་རྩའི་ཆ་ནས་གེགས་མེད་རྒྱུ་ཆས་བཟོས་པ་ཡིན།

13 最轻材料
ཆེས་ཡང་བའི་རྒྱུ་ཆ།

古时候，人们常用鸿毛来形容东西轻，而随着科技的不断发展，鸿毛早已不算是最轻的东西了。我国科学家研究出的一种名为“全碳气凝胶”的材料，密度仅是空气的六分之一，拿在手上完全感觉不到重量，是世界上最轻的材料。为此，《自然》杂志重点配图评论道：“它将有望在海上漏油、净水甚至净化空气等环境污染治理方面发挥重要作用。”原来，它还是吸油能力最强的材料之一，现有的吸油产品只能吸收自身质量的10倍左右，而全碳气凝胶的吸油量可高达自身质量的900倍。

全碳气凝胶还有许多非常奇妙的特性。比如，哪怕是将一个水杯大小的气凝胶放在狗尾草上，纤细的草须也不会被压弯。但是，你千万别以为它脆弱不堪，实际上它的结构韧性强得出奇，甚至可以在数千次被压缩至原体积的20%之后，还能迅速复原。它是理想的吸音、储能、保温和催化材料。更可喜的是，这种新材料的制备还很便捷，这就使得它的大规模制造和应用成为可能。

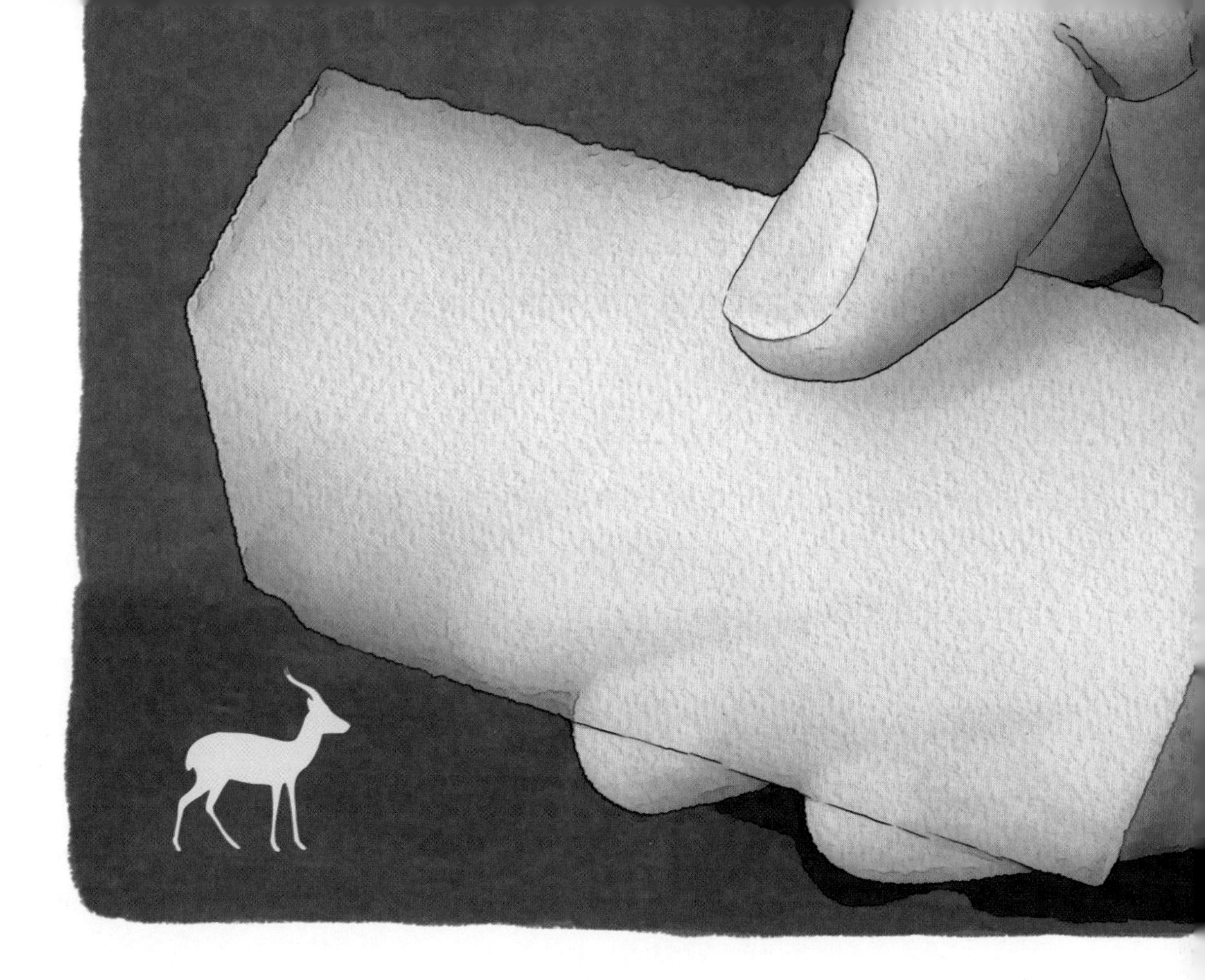

གནའ་བོའི་དུས་སུ། མི་རྣམས་ཀྱིས་རྒྱུན་དུ་བྱ་སྤུ་བཀོལ་ནས་དངོས་པོ་ཡང་བར་དཔེར་འཛུག་བྱེད་ཅིང་། ཚན་རྩལ་རྒྱུན་ཆད་མེད་པར་འཕེལ་རྒྱས་བྱུང་བ་དང་བསྟུན་ནས། བྱ་སྤུའང་སྤ་མོ་ནས་ཆེས་ཡང་བའི་དངོས་པོར་མི་བརྩི་བར། རང་རྒྱལ་གྱི་ཚན་རིག་པས་ཞིབ་འཇུག་བྱས་པའི་མིང་ལ"སྣུན་ཡོངས་རླུང་དཀག་སྒྲིན"ཟེར་བའི་རྒྱུ་ཆ་འདིའི་སྡུག་ཚད་ནི་མཁའ་རླུང་གི་དྲུག་ཆའི་གཅིག་ཡིན་ལ། ལག་ལ་བླངས་ཙང་ཕྱིད་ཚད་གཏན་ནས་ཚོར་མི་ཐུབ་པས། འཛམ་གླིང་སྟེང་གི་རྒྱུ་ཆ་ཆེས་ཡང་མོ་ཡིན། དེ་བས། 《རང་བྱུང》དུས་དེབ་ཀྱིས་གཙོ་གནད་དུ་བཟུང་ནས་པར་རིས་དཔྱད་བརྗོད་བཀོད་སྒྲིག་བྱས་ཡོད་དེ། "དེས་མཚོ་སྟེང་དུ་སྣུམ་འཛག་པ་དང་ཆུ་གཙང་མ། ཐ་ན་མཁའ་རླུང་གཙང་བཟོ་སོགས་ཁོར་ཡུག་སྲུགས་བཅོག་བཅོས་སྐྱོང་ཐད་དུ་ནུས་པ་གལ་ཆེན་འདོན་ཐུབ་པའི་རེ་བ་ཡོད"ཅེས་བརྗོད། མ་གཞི་དེ་ནི་ད་དུང་སྣུམ་རྟབ་ནུས་པ་ཆེས་ཆེ་བའི་རྒྱུ་ཆའི་གྲས་ཤིག་ཡིན་ལ། མིག་སྔར་གྱི་སྣུམ་རྟབ་ཐོན་རྫས་ཀྱིས་རང་ཉིད་ཀྱི་ལྗིད་ཚད་ཀྱི་ལྡབ10ཡས་མས་ལས་སྟུད་ལེན་བྱེད་མི་ཐུབ་པ་དང་། སྣུན་ཡོངས་རླུང་དཀག་སྒྲིན་གྱི་སྣུམ་རྟབ་ཚད་ནི་རང་ངོས་ཀྱི་ལྗིད་ཚད་ཀྱི་ལྡབ900ལ་སླེབས་ཡོད།

སྣུན་ཡོངས་རླུང་དཀག་སྒྲིན་ལ་ད་དུང་ངོ་མཚར་ཆེ་བའི་ཁྱད་ཆོས་མང་པོ་ཡོད་དེ། དཔེར་ན། ཕོར་བའི་ཆེ་ཆུང་ལས་མེད་པའི་རླུང་དཀག་སྒྲིན་ཞིག་མ་མ་སྒོ་ཙུགས་ཀྱི་སྟེང་དུ་བཞག་ཙང་། རྩ་སྤུ་ཐྲའང་གུག་པར་མི་འགྱུར། འོན་ཀྱང་ཁྱོད་ཀྱིས་དེ་ནི་ཉམས་ཞན་ཡིན་པར་གཏན་ནས་འདོད་མི་ཙང་། དོན་དངོས་སུ་དེའི་གྲུབ་ཚུལ་གྱི་མཉེན་གཤིས་ཏ་ཅང་ཆེ་བ་དང་། ཐ་ན་ཐེངས་སྟོང་ཕྲག་དུ་མར་གནོན་སྐྱུམ་བྱས་ནས་སྔ་མའི་བོངས་ཚད་ཀྱི20%བར་དུ་སླེབས་ཀྱང་ད་དུང་སྔར་དུ་སླར་གསོ་བྱེད་ཐུབ། དེ་བས། དེ་ནི་སྦྲ་འཛིབ་དང་ནུས་གསོག་ངྲོད་སྲུང་། འགྱུར་སྐྱུལ་བཅས་ཀྱི་རྒྱུ་ཆ་ལེགས་པོ་ཞིག་ཡིན། དེ་ལས་ཀྱང་དགའ་འོས་པ་ཞིག་ལ། རྒྱུ་ཆ་གསར་བ་དེ་རིགས་བཟོས་ཐོབ་ད་དུང་ཤིན་ཏུ་སྟབས་བདེ་ཡིན་པས། དེ་ནི་གཞི་ཁྲོན་ཆེན་པོའི་བཟོ་སྐྲུན་དང་བེད་སྤྱོད་བྱེད་ཐུབ་པར་འགྱུར་ངེས་ཡིན།

14 深紫外全固态激光器

སྨུག་ཕྱིའི་སྣ་རྣམ་ཡོངས་ཀྱི་ལྷ་ཟེར་ཆས།

我国科学家利用独有的深紫外技术和深紫外激光非线性光学晶体，成功研制出深紫外激光拉曼光谱仪、深紫外激光发射电子显微镜等集实用化、精密化于一体的深紫外固态激光源前沿装备，并在物理、化学、材料、信息等领域开创了若干新的多学科交叉前沿，对继续开拓深紫外激光的应用具有十分重要的意义。

深紫外全固态激光器的价值体现在哪呢？2009年《Nature》杂志专门发表评论文章指出："KBBF晶体的发现和应用是中国对国际科学界的重要贡献，中国是目前唯一能够研制此种晶体的国家。"KBBF晶体、棱镜耦合器件以及全固态深紫外激光源的实现，是在深紫外激光领域实现的一次革命性的突破，极大地推动了全固态深紫外激光技术的发展，引起国际上的广泛关注。深紫外激光光源技术对现代科技的促进作用十分重要，是探索物质世界的强有力工具。未来的光刻技术、纳米微加工技术方面的应用等都离不开它。

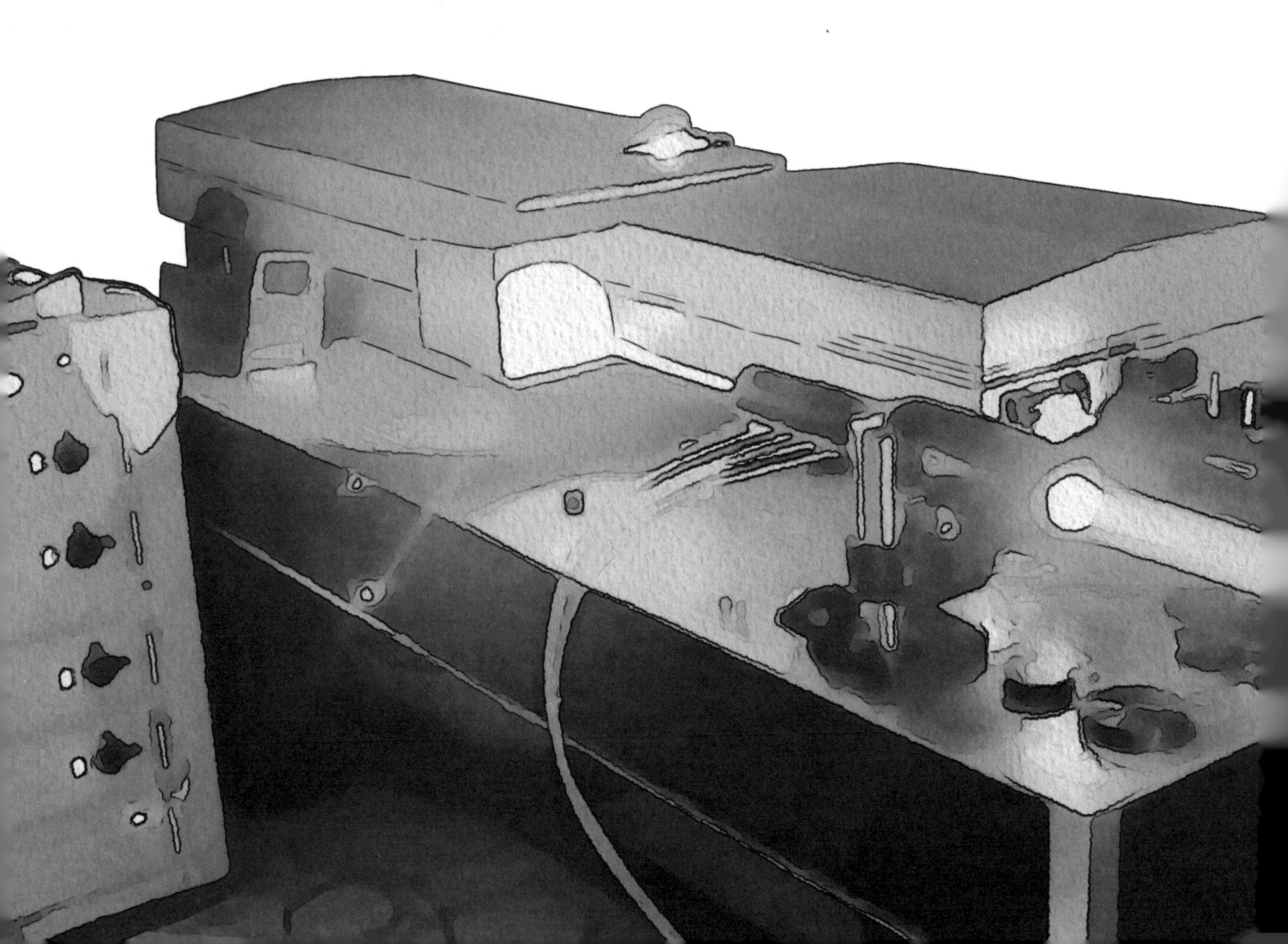

རང་རྒྱལ་གྱི་ཚན་རིག་པས་ཐུན་མོང་མ་ཡིན་པའི་སྨུག་ཕྱིའི་ལག་རྩལ་དང་སྨུག་ཕྱིའི་ལྷ་ཟེར་གྱི་ཐིག་གཉིས་མིན་པའི་འོད་རིག་བདར་གཟུགས་སྐྱུད་དེ། རྒྱལ་ཁའི་ངང་སྨུག་ཕྱིའི་ལྷ་ཟེར་ལ་མན་འོད་ཤལ་དཔྱད་ཆས་དང་སྨུག་ཕྱིའི་ལྷ་ཟེར་འཕེན་གཏོང་གློག་རྡུལ་ཕྲ་མཐོང་མེ་ལོང་སོགས་དངོས་སྤྱོད་ཅན་དང་ཞིབ་ཚགས་ཅན་གཞི་གཅིག་ཏུ་འདུས་པའི་སྨུག་ཕྱིའི་སྲ་རྣམས་ཡོངས་ཀྱི་ལྷ་ཟེར་འབྱུང་ཁུངས་ཀྱི་མདུན་གྲལ་སྒྲིག་ཆས་ཞིབ་བཟོ་བྱས་ཤིང་། གཞན་ད་དུང་དངོས་ལུགས་དང་རྫས་འགྱུར། རྒྱུ་ཆ། ཆ་འཕྲིན་སོགས་ཀྱི་ཁྱབ་ཁོངས་སུ་རིག་ཚན་མང་པོ་སྟོལ་སྐྱེབ་བྱེད་པའི་མདུན་གྲལ་གསར་བ་འགའ་བསྐྲུན་ཡོད་པས། སྨུག་ཕྱིའི་ལྷ་ཟེར་མུ་མཐུད་དུ་གསར་གཏོད་དང་བེད་སྤྱོད་བྱེད་པར་དོན་སྙིང་གལ་ཆེན་ལྡན།

སྨུག་ཕྱིའི་སྲ་རྣམ་ཡོངས་ཀྱི་ལྷ་ཟེར་ཆས་ཀྱི་རིན་ཐང་གང་དུ་མངོན་ཡོད་དམ་ཞེ་ན། 2009ལོའི《Nature》དུས་དེབ་ཀྱིས་ཆེད་མངགས་དཔྱད་གཏམ་རྩོམ་ཡིག་སྤེལ་ནས་བསྟན་དོན། "KBBFབདར་གཟུགས་ཞེས་རྟོགས་བྱུང་བ་དང་བེད་སྤྱོད་བྱེད་པ་ནི་ཀྲུང་གོས་རྒྱལ་སྤྱིའི་ཚན་རིག་ལས་རིགས་ལ་བཞག་པའི་བྱས་རྗེས་གལ་ཆེན་ཞིག་ཡིན་པ་དང་། ཀྲུང་གོ་ནི་མིག་སྔར་བདར་གཟུགས་དེ་རིགས་ཞིབ་བཟོ་བྱེད་ཐུབ་པའི་རྒྱལ་ཁབ་གཅིག་པུ་ཡིན"ཞེས་བརྗོད་ཡོད། KBBFབདར་གཟུགས་དང་ཤེལ་ཟུར་གསུམ་འདྲིས་སྦྱོར་ཆས་དང་དེ་བཞིན་སྨུག་ཕྱིའི་སྲ་རྣམ་ཡོངས་ཀྱི་ལྷ་ཟེར་འབྱུང་ཁུངས་མངོན་འགྱུར་བྱུང་བ་ནི། སྨུག་ཕྱིའི་ལྷ་ཟེར་ཁྱབ་ཁོངས་ཀྱི་གསར་བརྗེའི་རང་བཞིན་གྱི་འགག་སྒྲོལ་ཞིག་ཡིན་པས། སྨུག་ཕྱིའི་སྲ་རྣམ་ལྷ་ཟེར་ལག་རྩལ་འཕེལ་རྒྱས་སུ་འགྲོ་བར་སྐུལ་འདེད་ཆེན་པོ་ཐེབས་ཤིང་། དེ་ལ་རྒྱལ་སྤྱིའི་སྟེང་དུ་ངོ་ཁུར་ཆེན་པོ་བྱེད་བཞིན་ཡོད། སྨུག་ཕྱིའི་ལྷ་ཟེར་འོད་ཁུངས་ལག་རྩལ་གྱིས་དེང་རབས་ཚན་རྩལ་ལ་སྐུལ་འདེད་རང་བཞིན་གྱི་ནུས་པ་གལ་ཆེན་ལྡན་ལ། དངོས་པོའི་འཛིག་རྟེན་འཚོལ་ཞིབ་བྱེད་པའི་ལག་ཆ་ནུས་ལྡན་ཞིག་ཀྱང་ཡིན། མ་འོངས་པའི་འོད་བཀོད་ལག་རྩལ་དང་ནྭ་སྨི་ལས་སྣོན་ཆུང་ངུའི་ལག་རྩལ་ཐད་ཀྱི་བཀོལ་སྤྱོད་སོགས་ཚང་མ་འདི་དང་ཁ་བྲལ་ཐབས་མེད་དོ། །

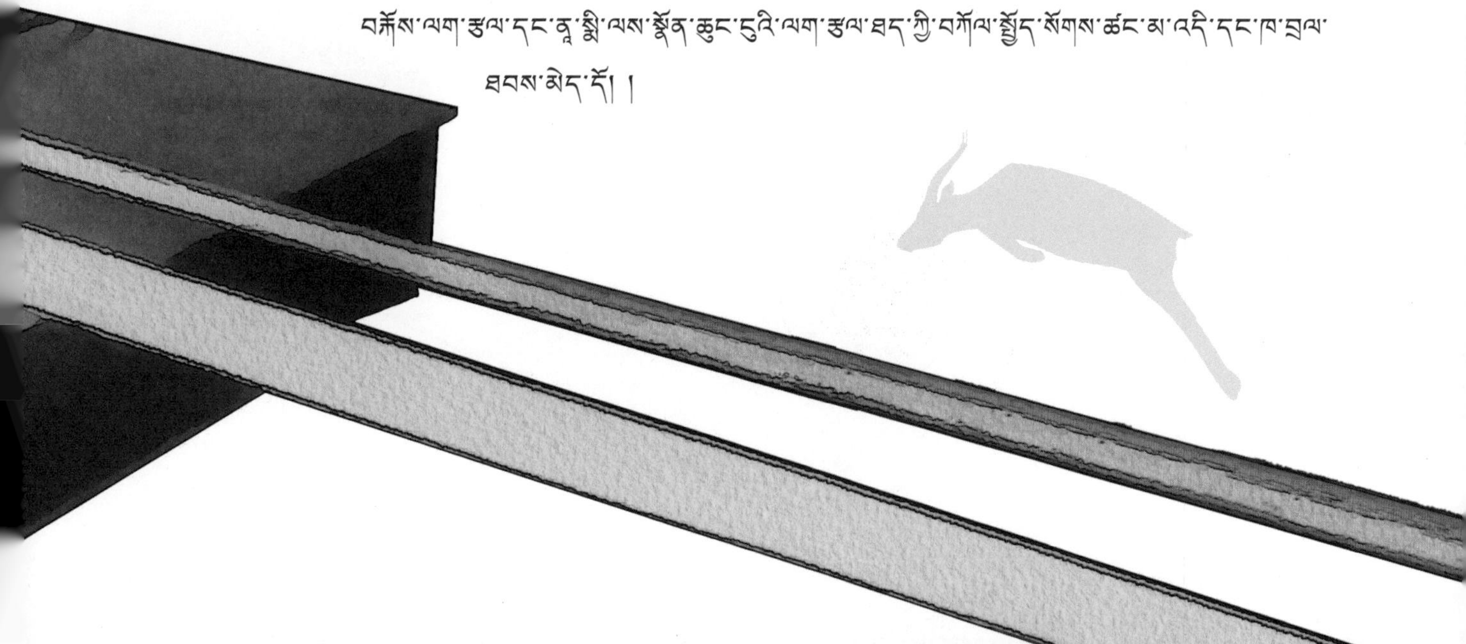

15 超高分子量聚乙烯短流程高效制造技术

མཐོ་བརྒལ་ཆ་རྡུལ་ཚད་འདུས་ཁ་སིན་བརྒྱུད་རིམ་ཐུང་ངུའི་ནུས་ཚའི་བཟོ་སྐྲུན་ལག་རྩལ།

说出来你可能不信，一种由不及头发丝十分之一粗的“神奇塑料”做成的缆绳，居然可以吊起6000吨重的沉管，而这正是《厉害了，我的国》中港珠澳大桥吊装合龙的一段震撼人心的镜头。这种不及头发丝十分之一的“神奇塑料”便是可替代钢缆的高强度纤维材料——超高分子量聚乙烯，它具有耐磨损、抗冲击、耐腐蚀、耐低温、自润滑等优点，然而这种材料加工难度大，生产效率低，成本非常高，而且黏度极高，流动性极差，其加工技术成为一道很难解决的世界难题。

2020年，我国科学家突破高效塑化技术瓶颈，成功攻克了超高分子量聚乙烯产品高效、高品质制造世界难题，解决了高速挤出不稳定与熔体强度低的问题，形成了具有完全自主知识产权的超高分子量聚乙烯短流程高效制造技术。这项制造技术在高分子材料加工领域带来了颠覆性改变，在我国高分子挤出技术发展历史中具有里程碑式的意义。

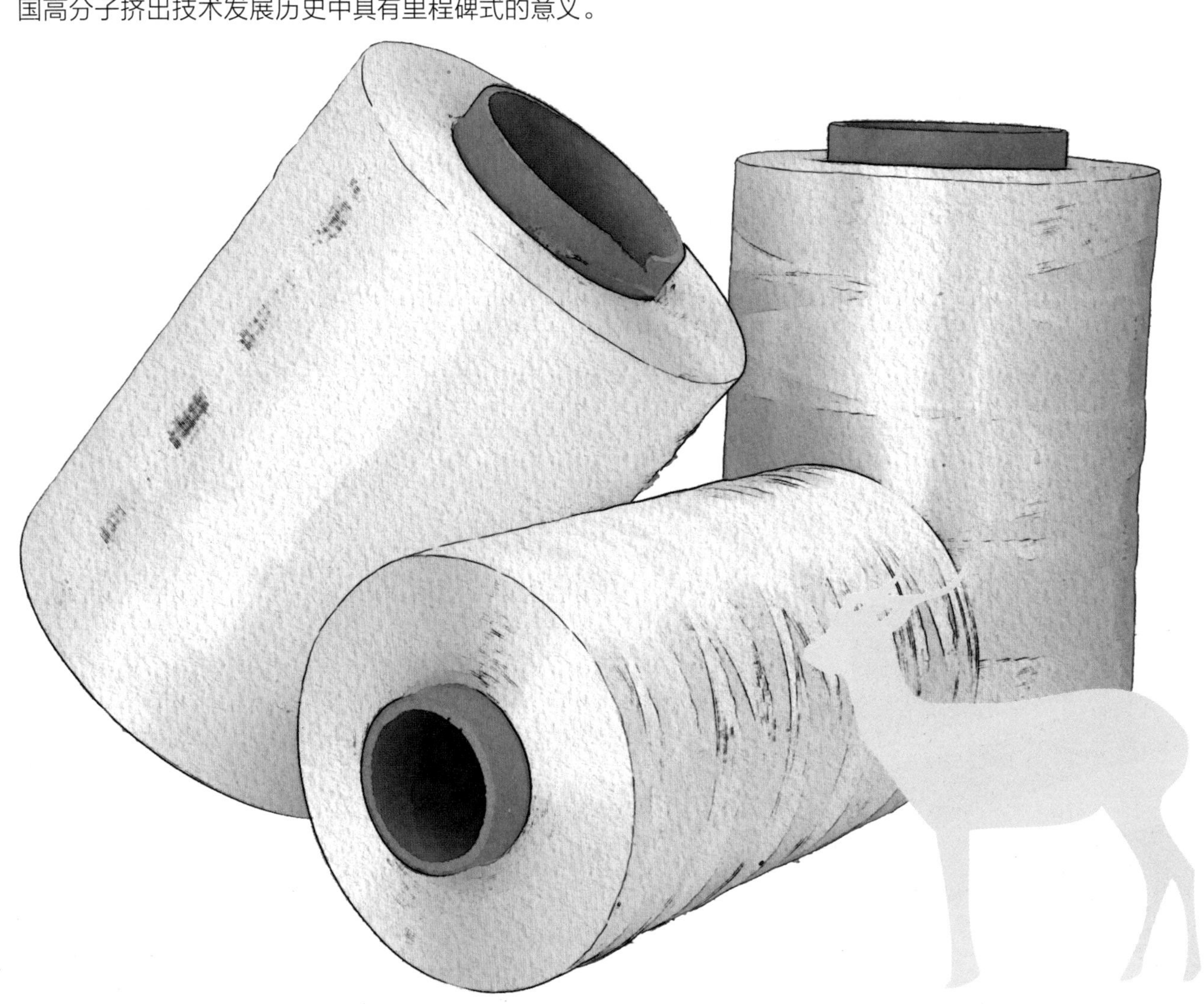

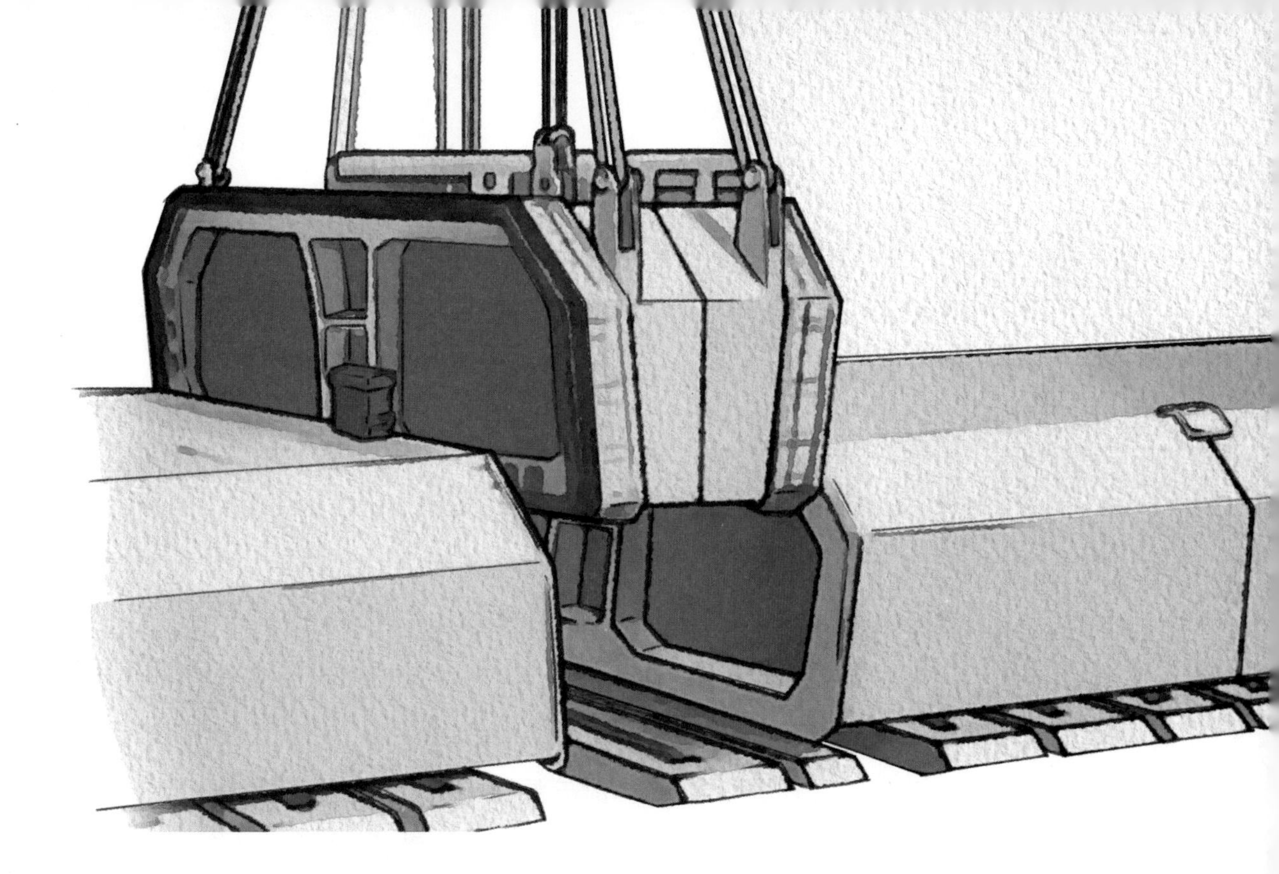

སྤྱོམ་ཚད་ལ་སྐྲ་སྐྲུད་ཀྱི་བཅུ་ཆ་གཅིག་ལས་མེད་པའི“ཛ་མཚར་ཆེ་བའི་སྤྱོས་འཁྲིག”གིས་བཟོས་པའི་འདྲེན་ཐག་ཅིག་གིས་ཞྀད་ཚད་ཏུན6000ཡོད་པའི་སྒྲུག་ལམ་འདེགས་དཔྱང་བྱེད་ཐུབ་ཟེར་ན། ཁྱོད་ཀྱིས་ཡིད་ཆེས་བྱེད་དཀའ་བ་ཞིག་ཡིན་སོད། དེ་ནི《ངར་བ་རེད། ང་ཡི་རྒྱལ་ཁབ》ཅེས་པའི་ནང་གི་གང་ཀྲུའུ་ཨའོ་ཟམ་ཆེན་གྱི་དཔྱང་འདེགས་ཟམ་སྟེ་མཐུད་པའི་མི་སེམས་འགུལ་བའི་གཟུགས་བརྙན་དུམ་བུ་ཞིག་ཡིན་པ་དང་། སྐྲ་སྐྲུད་ཀྱི་བཅུ་ཆ་གཅིག་ལས་མེད་པའི“ཛ་མཚར་ཆེ་བའི་སྤྱོས་འཁྲིག”དེ་ནི་ངར་ལྕགས་ཀྱི་ཚབ་བྱེད་ཐུབ་པའི་དྲག་ཚད་མཐོ་བའི་ཚོ་སྣའི་རྒྱུ་ཆ་སྟེ། མཐོ་བཀྲལ་ཆ་རྟུལ་ཚད་འདུས་ཁ་སིན་ཡིན། དེར་བརྟར་ཟད་ཐེབས་པ་དང་རྡབ་རྡེག་འགོག་པ། རྡུལ་བསྲུད་བཟོད་པ། དྲོད་ཚད་དམའ་མོ་ཐེག་པ། འཛམ་འདྲེད་ཐུབ་པ་སོགས་ཀྱི་དགེ་མཚན་ལྡན་སོད། འོན་ཀྱང་རྒྱུ་ཆ་དེ་རིགས་ལས་སྐྱོན་བྱེད་དཀའ་བ་དང་ཐོན་སྐྱེད་ཀྱི་ལས་སྒྱོད་ཆུང་བ། མ་གནས་མཐོ་བ། འགྱུར་ཤུགས་མཐོ་བ། འཁོར་རྒྱུག་རང་བཞིན་ཞན་པས། དེའི་ལས་སྐྱོན་ལག་རྩལ་ནི་ཐག་གཅོད་བྱེད་དཀའ་བའི་འཛམ་གླིང་རང་བཞིན་གྱི་དཀའ་གནད་ཅིག་ཏུ་གྱུར་ཡོད།

2020ལོར། རང་རྒྱལ་གྱི་ཚན་རིག་པས་ནུས་ཆེའི་འཁྲིག་འགྱུར་ལག་རྩལ་གྱི་གནད་འགག་ལས་བསྒྲལ་ནས། རྒྱལ་ཁབ་ནང་མཐོ་བཀྲལ་ཆ་རྟུལ་ཚད་འདུས་ཁ་སིན་ཐོན་རྫས་ཀྱི་ནུས་ཆེ་དང་སྤུས་ཚད་མཐོ་བའི་བཟོ་སྐྲུན་སོགས་འཛམ་གླིང་རང་བཞིན་གྱི་དཀའ་གནད་སེལ་བ་དང་། མགྱོགས་མྱུར་སྐྲོས་བརྟན་འཇགས་མེད་པ་དང་བཞུ་གཟུགས་ཀྱི་ཤུགས་ཚད་དམའ་བའི་གནད་དོན་ཐག་གཅོད་བྱས་ཏེ། རང་བདག་ཤེས་བྱའི་བདག་དབང་ཡོངས་སུ་ལྡན་པའི་མཐོ་བཀྲལ་ཆ་རྟུལ་ཚད་འདུས་ཁ་སིན་གྱི་བཟོ་སྐྲུན་ལག་རྩལ་གྲུབ་པ་ཡིན། དེས་ཆ་རྟུལ་མཐོ་བའི་རྒྱུ་ཆ་ལས་སྐྱོན་ཁྱབ་ཁོངས་སུ་རྩ་སློག་རང་བཞིན་གྱི་འགྱུར་ལྡོག་འབྱུང་བ་དང་། རང་རྒྱལ་གྱི་ཆ་རྟུལ་མཐོ་བའི་ལག་རྩལ་འཕེལ་རྒྱས་ཀྱི་ལོ་རྒྱུས་ཁྲོད་དུ་མཚོན་རྟགས་རྗེ་རིང་རང་བཞིན་གྱི་དོན་སྙིང་ལྡན་ནོ། །

16 高效率、低损耗硅钢
ལས་ཚོད་ཆེ་བ་དང་ཟད་གྲོན་ཆུང་བའི་ཞི་འདྲེས་ངར་ལྕགས།

硅钢是一种基础功能性材料，其应用涉及发电、电力输配等各个领域，与我们国家提倡的绿色能源、节能降耗、二氧化碳减排等关联紧密，被誉为“钢铁皇冠上的明珠”。然而，硅钢的生产技术极为复杂，生产难度也非常大，而且装备条件和管理要求很高。因此，我国硅钢制造技术与国外存在代差，成为制约我国电力及机电行业发展的重要因素之一。

2018年，我国批量研制了0.20毫米规格070等级和0.23毫米规格075等级极低铁损取向硅钢、0.23毫米规格080等级超高磁感取向硅钢、0.50毫米规格250等级低各向异性无取向硅钢等4个新产品，性能指标和实物质量达到目前同类产品国际领先水平。高效率、低损耗硅钢的成功研制，不仅打破了国外壁垒，还满足了国家重大工程和关键装备需求，有力支撑了我国制造强国与节能减排战略。这标志着我国高端硅钢产品制造技术跨入世界领先行列，实现我国钢铁材料产业由大变强，材料技术由跟跑型向并跑和领跑型的转变。

ཞི་འདྲེས་ངར་ལྕགས་ནི་རྨང་གཞིའི་བྱེད་ནུས་རང་བཞིན་གྱི་རྒྱུ་ཆ་ཞིག་ཡིན་པ་དང་། དེའི་བཀོལ་སྤྱོད་ཁྱབ་ཁོངས་ནི་གློག་འདོན་དང་གློག་ཤུགས་འདྲེན་སྤྲོར་སོགས་དང་འབྲེལ་བ་ཡོད་ཅིང་། རང་རེའི་རྒྱལ་ཁབ་ཀྱིས་དར་སྤེལ་གཏོང་བཞིན་པའི་ལྗང་མདོག་ནུས་ཁུངས་དང་ནུས་ཁུངས་གྲོན་ཆུང་། ཟད་གྲོན་ཇེ་ཆུང་དུ་གཏོང་བ། དབྱང་གཉིས་སྣག་འགྱུར་གཏོང་ཚད་ཉུང་འཕྲི་སོགས་དང་འབྲེལ་བ་དམ་པོ་ཡོད་པས། “ངར་ལྕགས་ཁྲིད་ཀྱི་གོང་མའི་དབུ་རྒྱན་སྟེང་གི་མུ་ཏིག”ཅེས་རྗོད་བཞིན་ཡོད། འོན་ཀྱང་ཞི་འདྲེས་ངར་ལྕགས་ཐོན་སྐྱེད་ལག་རྩལ་ཧ་ཅང་རྙོག་འཛིང་ཆེ་བ་དང་། ཐོན་སྐྱེད་ཀྱི་དཀའ་ཁག་ཀྱང་ཧ་ཅང་ཆེ་བར་མ་ཟད། སྒྲིག་ཆས་ཀྱི་ཆ་རྐྱེན་དང་དོ་དམ་གྱི་བླང་བྱའང་ཧ་ཅང་མཐོ། དེ་བས། རང་རྒྱལ་གྱི་ཞི་འདྲེས་ངར་ལྕགས་བཟོ་

སྒྲུན་ལག་རྩལ་ནི་ཕྱི་རྒྱལ་དང་ཁྱད་པར་ཆེན་པོ་ཡོད་ཅིང་། རང་རྒྱལ་གྱི་གློག་ཤུགས་དང་འཕྲུལ་གློག་ལས་རིགས་འཕེལ་རྒྱས་ལ་ཚོད་འཛིན་ཐེབས་པའི་རྒྱུ་རྐྱེན་གལ་ཆེན་ཞིག་ཏུ་གྱུར་ཡོད།

2018ལོར། རང་རྒྱལ་གྱིས0.20ཧའོ་སྨི་ཚད་གཞི070རིམ་པ་དང0.23ཧའོ་སྨི་ཚད་གཞི075རིམ་པའི་ཤིན་ཏུ་དམའ་བའི་ལྕགས་ཀྱི་གནོད་སྐྱོན་འཁོར་ཕྱོགས་ཀྱི་ཞི་འདྲིས་ངར་ལྕགས་དང་། 0.23ཧའོ་སྨི་ཚད་གཞི080རིམ་པའི་མཐོ་བརྒྱལ་སྟུད་ཚོར་འཁོར་ཕྱོགས་ཀྱི་ཞི་འདྲིས་ངར་ལྕགས། 0.50ཧའོ་སྨི་ཚད་གཞི250རིམ་པའི་ཤིན་ཏུ་དམའ་བའི་ཕྱོགས་མང་རིགས་འགལ་ཞི་འདྲིས་ངར་ལྕགས་སོགས་ཐོན་རྫས་གསར་བ4ཞིབ་བཟོ་བྱས་པ་དང་། གཤིས་ནུས་དམིགས་ཚད་དང་དངོས་པོའི་ཐྲུས་ཚད་ནི་མིག་སྔར་རིགས་གཅིག་ཐོན་རྫས་ཁྲིད་ཀྱི་སྔོན་ཐོན་ཆུ་ཚད་དུ་སླེབས་ཡོད། ལས་ཚོད་ཆེ་བ་དང་ཟད་གྲོན་ཆུང་བའི་ཞི་འདྲིས་ངར་ལྕགས་ཞིབ་བཟོ་ལེགས་གྲུབ་བྱུང་བས་ཕྱི་རྒྱལ་གྱི་བཀག་རྒྱ་གཏོར་བར་མ་ཟད། ད་དུང་རྒྱལ་ཁབ་ཀྱི་བཟོ་སྐྲུན་གལ་ཆེན་དང་འགག་རྩའི་གློག་ཆས་ཀྱི་དགོས་མཁོ་ཡང་སྐོང་ཐུབ་པ་དང་། རང་རྒྱལ་གྱི་བཟོ་སྐྲུན་སྟོབས་ལྡན་རྒྱལ་ཁབ་དང་ནུས་ཁུངས་གྲོན་ཆུང་ངམ་གཏོང་ཚད་ཉུང་འཕྲི་འཐབ་རྩུས་ལ་འདེགས་སྐྱོར་ནུས་ལྡན་ཐོབ་ཡོད། དེས་རང་རྒྱལ་གྱི་མཐོ་རིམ་ཞི་འདྲིས་ངར་ལྕགས་ཐོན་རྫས་བཟོ་སྐྲུན་ལག་རྩལ་འཛམ་གླིང་གི་སྔོན་ཐོན་གྲས་སུ་སླེབས་པ་དང་། རང་རྒྱལ་གྱི་ངར་ལྕགས་རྒྱུ་ཆའི་ཐོན་ལས་ནི་ཆེན་པོ་ནས་སྟོབས་ལྡན་དུ་འགྱུར་བ། རྒྱུ་ཆའི་ལག་རྩལ་རྗེས་སུ་འབྲངས་པ་ནས་མཉམ་དུ་རྒྱུག་པ་དང་སྣེ་ཁྲིད་ཅན་དུ་འགྱུར་བ་མངོན་པར་མཚོན་ནོ། །

17 高性能桥梁用钢

གཤིས་ནུས་མཐོ་བའི་ཟམ་སྦྲོད་ངར་ལྕགས།

我国河流众多，自然条件错综复杂，自古代以来，我们国家的桥梁不但数量惊人，类型也丰富多彩，几乎包含了所有近代桥梁中的最主要形式。虽然我国拥有世界上最全面的桥梁建造技术、现代化的施工装备，桥梁设计建造总体水平处于世界领先地位，但桥梁钢制造核心技术被国外长期垄断，制约并影响着我国桥梁制造业的转型升级。

2021年，湖北武汉第七座跨汉江大桥——汉江湾桥正式建成通车，也让美丽的汉江湾上多了一道造型优美的钢构“彩虹”。而由我国研制和应用的690兆帕级低屈强比桥梁钢及配套焊接材料和焊接工艺技术，使这座中承式三跨连续钢桁系杆拱桥在武汉顺利合龙。同时，其开发出的高碳钢盘条控扎、高强高韧热处理和高强度缆索深加工等技术，实现了盘条、缆索的关键装备国产化，解决了多年来我国桥梁钢发展中存在的关键技术难题，形成了体系完整、批量质量稳定的高性能桥梁钢生产能力，提升了我国桥梁制造行业竞争力，为我国大跨度桥梁建设走向世界奠定了坚实基础。

རང་རྒྱལ་མངའ་ཁོངས་སུ་ཆུ་རྒྱུན་མང་བ་དང་རང་བྱུང་ཆ་རྐྱེན་རྙོག་འཛིང་ཆེ་བས། གནའ་ནས་བཟུང་། རང་རེའི་རྒྱལ་ཁབ་ཀྱི་ཟམ་པའི་གྲངས་འབོར་ཤིན་ཏུ་མང་བར་མ་ཟད། རིགས་སྣ་འང་ཕུན་སུམ་ཚོགས་པོ་ཡོད་པས། ད་ལྟའི་ཉེ་རབས་ཀྱི་ཟམ་པ་ཡོད་ཚད་ཀྱི་རྣམ་པ་གཙོ་བོ་ཚང་མ་འདུས་ཡོད། རང་རྒྱལ་ལ་འཛམ་གླིང་སྟེང་གི་ཆེས་སྣ་འཛོམས་ཀྱི་ཟམ་པའི་འཛུགས་སྐྲུན་ལག་རྩལ་དང་དེང་རབས་ཅན་གྱི་ཨར་ལས་སྒྲིག་ཆས་ཡོད་ཅིང་། ཟམ་པ་འཆར་འགོད་བཟོ་སྐྲུན་གྱི་སྤྱིའི་ཆུ་ཚད་འཛམ་གླིང་གི་སྔོན་ཐོན་གནས་བབ་ཏུ་ཚུད་ཡོད་མོད། འོན་ཀྱང་ཟམ་པའི་ངར་ལྷུགས་བཟོ་སྐྲུན་གྱི་དཀྱིལ་སྙིང་ལག་རྩལ་ཕྱི་རྒྱལ་གྱིས་ཡུན་རིང་སྙེར་སྡེམ་བྱས་པས། རང་རྒྱལ་གྱི་ཟམ་པའི་བཟོ་སྐྲུན་ལས་རིགས་ཀྱི་ཕྱོགས་སྒྱུར་རིམ་སྤོར་ལ་ཚོད་འཛིན་དང་ཤུགས་རྐྱེན་ཐེབས་ཡོད།

2021ལོར། ཏུའུ་པེའི་ལྷུའུ་ཁན་གྱི་ཁན་ཅང་གཙང་པོ་བརྒྱལ་བའི་ཟམ་ཆེན་བདུན་པ་སྟེ། ཁན་ཅང་མཚོ་ཁུག་ཟམ་པ་དངོས་སུ་ཞིགས་གྲུབ་བྱུང་ནས་རླངས་འཁོར་ཤར་གཏོང་བྱས་པས། མཛེས་སྡུག་ལྡན་པའི་ཁན་ཅང་མཚོ་ཁུག་ཏུ་བཟོ་དབྱིབས་ཤིན་ཏུ་མཛེས་པའི་ངར་ལྷུགས་ཀྱི"འཇའ་ཚོན"ཞིག་ཇེ་མང་དུ་བཏང་། རང་རྒྱལ་གྱིས་ཞིབ་བཟོ་དང་བེད་སྤྱོད་བྱས་པའི་ཀྲའོ་ཕ་རིམ་པ690ཡི་དམའ་ཞིང་འཁྱོག་པའི་ཟམ་པའི་ངར་ལྷུགས་དང་། དེ་བཞིན་མ་ལག་ཚང་བའི་ཚ་ལ་རྒྱག་པའི་རྒྱུ་ཆ་དང་བཟོ་རྩལ་ལག་རྩལ་གྱིས་བར་མཐུད་རྣམ་པའི་གསུམ་བརྒྱལ་ངར་ལྷུགས་ཚུགས་སྒྲོམ་གཞུ་དབྱིབས་ཟམ་པ་ལྷུའུ་ཁན་དུ་བདེ་བླག་ངང་ཟམ་སྣེ་མཐུད་འབྲེལ་བྱས་ཡོད། དུས་མཚུངས་སུ། དེས་གསར་སྤེལ་བྱས་པའི་ཐྲན་མཐོ་བའི་ངར་ལྷུགས་སྐྱུད་ཚོད་འཛིན་དང་། ཤུགས་ཚད་དང་མཉེན་ཚད་མཐོ་བའི་ཚ་བའི་ཐག་གཅོད། ཤུགས་ཚད་མཐོ་བའི་འདྲིན་ཐག་ལས་སྔོན་སོགས་ཀྱི་ལག་རྩལ་ལ་བརྟེན་ནས་སྐྱུད་པ་དང་འདྲིན་ཐག་གི་འགག་རྩའི་སྒྲིག་ཆས་རང་རྒྱལ་ནས་ཐོན་སྐྱེད་བྱེད་ནུས་མངོན་འགྱུར་བྱུང་བ་དང་། ལོ་མང་པོའི་རིང་གི་རང་རྒྱལ་གྱི་ཟམ་པའི་ངར་ལྷུགས་འཕེལ་རྒྱས་ཁྲོད་དུ་གནས་པའི་འགག་རྩའི་ལག་རྩལ་གྱི་དཀའ་གནད་ཐག་གཅོད་བྱས་ཏེ། མ་ལག་ཆ་ཚང་བ་དང་གྲངས་ཚད་འབོར་ཆེན་ཕྲུས་ཚད་བརྟན་པོ་ཡིན་པའི་གཤིས་ནུས་མཐོ་བའི་ཟམ་པའི་ངར་ལྷུགས་ཐོན་སྐྱེད་བྱེད་ནུས་ཆགས་པ་དང་། རང་རྒྱལ་གྱི་ཟམ་པའི་ངར་ལྷུགས་ལས་རིགས་ཀྱི་འགྲུབ་ནུས་ཇེ་ཆེར་ཕྱིན་པས། རང་རྒྱལ་གྱི་བར་བརྒྱལ་ཆེན་པོའི་ཟམ་པ་འཛུགས་སྐྲུན་འཛམ་གླིང་དུ་སྙོད་པར་རྨང་གཞི་བརྟན་པོ་བཏིང་ཡོད།

18 高性能纤维及复合材料
གཤིས་ནུས་མཐོ་བའི་ཚེ་སྐ་དང་འདྲེས་སྦྱོར་རྒྱུ་ཆ།

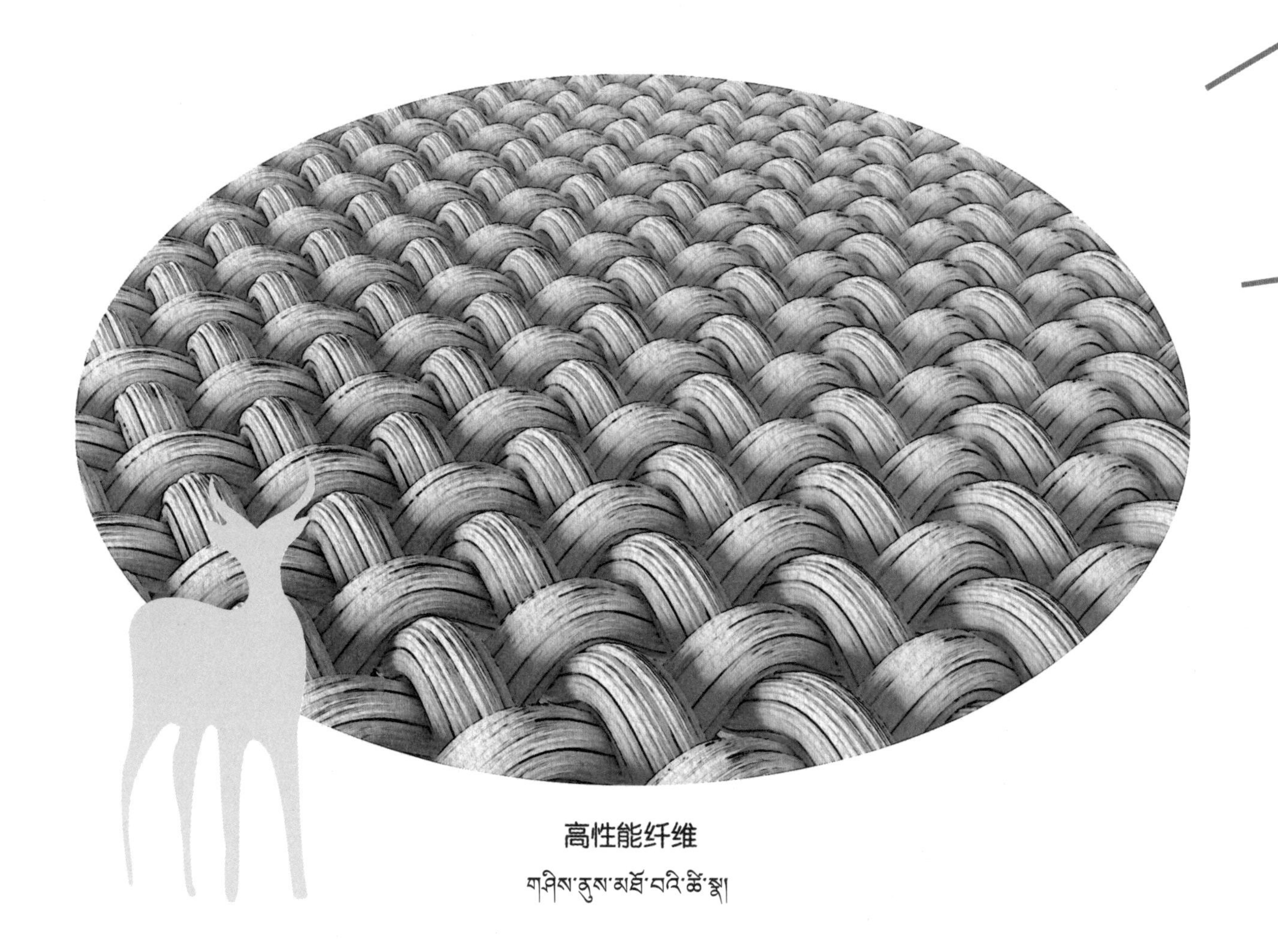

高性能纤维
གཤིས་ནུས་མཐོ་བའི་ཚེ་སྐ།

高性能纤维发展是一个国家综合实力的体现，也是建设现代化强国的重要物质基础。高性能纤维及复合材料是发展国防军工、航空航天、新能源及高科技产业的重要基础原材料，在建筑、机械、环保、海洋开发、体育休闲等领域应用广泛。

什么是高性能纤维及复合材料呢？它是由各种高性能纤维作为增强体置于基体材料复合而成的一种新型材料。与传统材料相比，它具有更高的比强度、耐化学品和耐热冲击性，以及更大的设计灵活性。按照合成的原料不同，高性能纤维有很多种，其中碳纤维、芳纶纤维、超高分子量聚乙烯纤维是当今世界三大高性能纤维。

我国已经攻克了超高强、高强高模聚丙稀腈碳纤维、高强中模聚丙稀腈碳纤维和芳纶纤维、超高分子量聚乙稀纤维等工程化关键技术，形成高性能纤维产品大规模生产制备能力。目前，世界高性能纤维与复合材料领域已形成美、日、欧盟、中和俄的五极发展格局。

国防 རྒྱལ་སྲུང་།

航空 མཁའ་འགྲུལ།

航天 དབྱིངས་སྐྱོད།

城市交通 གྲོང་ཁྱེར་འགྲིམ་འགྲུལ།

汽车 རླངས་འཁོར།

体育 ལུས་རྩལ།

གཉིས་ནུས་མཐོ་བའི་ཚི་སྣའི་འཕེལ་རྒྱས་ནི་རྒྱལ་ཁབ་ཅིག་གི་ཕྱུགས་བསྡུས་སྟོབས་ཤུགས་ཀྱི་མཚོན་རྟགས་ཡིན་ལ། དེང་རབས་ཅན་གྱི་རྒྱལ་ཁབ་སྟོབས་ལྡན་འཛུགས་སྐྲུན་བྱེད་པའི་དངོས་པོའི་རྨང་གཞི་གལ་ཆེན་ཞིག་ཀྱང་ཡིན། གཉིས་ནུས་མཐོ་བའི་ཚི་སྣ་དང་འདྲེས་སྦྱོར་རྒྱུ་ཆ་ནི་རྒྱལ་སྲུང་དམག་དོན་བཟོ་ལས་དང་མཁའ་འགྲུལ་དབྱིངས་སྐྱོད། ནུས་ཁུངས་གསར་པ། ཚན་རྩལ་མཐོ་བའི་ཐོན་ལས་བཅས་འཕེལ་རྒྱས་གཏོང་བའི་རྨང་གཞིའི་མ་བཙོས་རྒྱུ་ཆ་གལ་ཆེན་ཞིག་ཡིན་ལ། ཨར་ལས་དང་འཕྲུལ་ཆས། ཁོར་ཡུག་སྲུང་སྐྱོབ། རྒྱ་མཚོ་གསར་སྤེལ། ལུས་རྩལ་སྤྲོ་གསེང་སོགས་ཁྱབ་ཁོངས་སུ་རྒྱ་ཁྱབ་ཏུ་སྤྱོད་བཞིན་ཡོད།

ཅི་ཞིག་ལ་གཉིས་ནུས་མཐོ་བའི་ཚི་སྣ་དང་འདྲེས་སྦྱོར་རྒྱུ་ཆ་ཟེར་རམ་ཞེ་ན། འདི་ནི་གཉིས་ནུས་མཐོ་བའི་ཚི་སྣ་སྣ་ཚོགས་ཀྱི་དྲག་སྐྱེད་གཟུགས་སུ་དྲངས་ཏེ་གཞི་གཟུགས་རྒྱུ་ཆ་འདྲེས་སྦྱོར་བྱེད་པའི་རྒྱུ་ཆ་གསར་པ་ཞིག་ཡིན། སྲོལ་རྒྱུན་རྒྱུ་ཆ་དང་བསྡུར་ན། སྔར་ལས་མཐོ་བའི་ཞིབ་བསྡུར་ཤུགས་ཚད་དང་ཟུངས་འགྱུར་དངོས་ཟུངས་བཟོད་པ། ཚ་བཟོད་རྡབ་རྫིག་རང་བཞིན་ལྡན་པ་དང་། དེ་བཞིན་འཆར་འགོད་ཀྱི་སྟབས་བསྟུན་རང་བཞིན་ཡང་སྔར་ལས་ཆེ་བ་ཡིན། འདྲེས་གྲུབ་རྒྱུ་ཆ་མི་འདྲ་བའི་དབང་གིས། གཉིས་ནུས་མཐོ་བའི་ཚི་སྣ་ལ་རིགས་མང་པོ་ཡོད་དེ། དེའི་ཁྲོད་དུ་ཐན་ཚི་སྣ་དང་ཧྲང་ལུང་ཚི་སྣ། ཐོད་རྐལ་ཆ་རྟུལ་གྱི་ཚད་མཐོ་བའི་འདུས་ཁ་སིན་ཚི་སྣ་སོགས་ནི་དེང་སྐབས་འཛམ་གླིང་གི་གཉིས་ནུས་མཐོ་བའི་ཚི་སྣ་ཆེན་པོ་གསུམ་ཡིན།

རང་རྒྱལ་གྱིས་ཤུགས་ཚད་མཐོན་པོ་ལས་བརྒལ་བ་དང་། ཤུགས་ཚད་མཐོ་བའམ་དཔེ་མཚོན་མཐོན་པོའི་འདུས་ཁ་སིན་ཚི་སྣ་དང་། ཤུགས་ཚད་མཐོ་བའམ་དཔེ་མཚོན་འཕྲིང་བའི་འདུས་ཁ་སིན་ཚི་སྣ་དང་ཧྲང་ལུང་ཚི་སྣ། རིམ་འདས་མཐོ་བའི་ཆ་རྟུལ་གྱི་འདུས་ཁ་སིན་ཚི་སྣ་སོགས་བཟོ་སྐྲུན་རང་བཞིན་འགག་རྩའི་ལག་རྩལ་གཏོར་ནས། གཉིས་ནུས་མཐོ་བའི་ཚི་སྣའི་ཐོན་ཟུས་གཞི་ཁྱོན་ཆེ་བའི་སྒོ་ནས་ཐོན་སྐྱེད་བྱེད་པའི་ནུས་པ་ལྡན། མིག་སྔར་འཛམ་གླིང་གི་གཉིས་ནུས་མཐོ་བའི་ཚི་སྣ་དང་འདྲེས་སྦྱོར་རྒྱུ་ཆའི་ཁྱབ་ཁོངས་སུ་ཨ་རི་དང་འཇར་པན། ཡོ་རོབ་མཐའ་འབྲེལ། ཀྲུང་གོ་དང་ཨུ་རུ་སུ་བཅས་ཀྱི་སྡེ་ལྔའི་འཕེལ་རྒྱས་ཀྱི་རྣམ་པ་ཆགས་ཡོད་དོ། །

19 高性能温控防裂混凝土

གཤིས་ནུས་མཐོ་བའི་དྲོད་ཚད་ཚོད་འཛིན་གྱི་གས་འགོག་བསྲེས་འདམ།

随着科技水平的不断提高，新的技术层出不穷，许多以前难以解决的问题，在新的技术中得到了解决，比如混凝土开裂的问题。解决这一难题并不是一件容易的事情，虽然混凝土有较高的抗压强度和良好的耐久性，但由于抗拉强度低、抵抗变形能力差，并受温度、收缩、不均匀沉降等影响而易开裂，成为一个世界难题。

我国科学家开发出的具有中国特色的低热硅酸盐水泥及成套应用技术，已率先全面应用于世界第七、中国第四的云南乌东德水电站，这座千万千瓦级别的巨型水电站建有世界上最薄的300米级特高拱坝，对温控防裂混凝土性能是一个挑战和考验。在历时三年零两个月的混凝土浇筑工作中，由于研发的材料温升低，极大地降低了温控难度，减少了制冷能耗，提升了功效，保障了工期，成为世界首座全坝应用低热水泥混凝土浇筑的特高拱坝。水电站投产运行以来，未发生混凝土温度裂缝，结束了以往开裂——灌浆——修补的历史，成功破解了世界难题，大大提高了大坝的整体性、安全性和耐久性，用实力诠释了大国制造的崛起。

ཚན་རྩལ་གྱི་ཆུ་ཚོད་རྒྱུན་ཆད་མེད་པར་ཇེ་མཐོར་སོང་བ་དང་བསྟུན་ནས། ལག་རྩལ་གསར་བའང་རྒྱུན་ཆད་མེད་པར་གསར་དུ་ཐོན་བཞིན་ཡོད་ཅིང་། སྔོན་ཆད་ཐག་གཅོད་བྱེད་དཀའ་བའི་གནད་དོན་མང་པོ་ཞིག་ལག་རྩལ་གསར་པར་བརྟེན་ནས་ཐག་གཅོད་བྱེད་ཐུབ་བཞིན་ཡོད། དཔེར་ན་བསྲིས་འདམ་གས་གཏོར་གྱི་གནད་དོན་ལྟ་བུ་ཡིན། དཀའ་གནད་དེ་ཐག་གཅོད་བྱེད་པ་ནི་ལས་སླ་མོ་ཞིག་མ་ཡིན་པར། བསྲིས་འདམ་གྱི་གནོན་ཤུགས་འགོག་པའི་ཤུགས་ཚད་དང་ཡུན་རིང་ཐུབ་པའི་རང་བཞིན་ལེགས་པོ་ཡོད་མོད། འོན་ཀྱང་འཛིན་འགོག་གི་ཤུགས་ཚད་དམའ་བ་དང་དབྱིབས་འགྱུར་འགོག་པའི་ནུས་པ་ཞན་པར་མ་ཟད། དྲོད་ཚད་དང་འཁྱམ་འདུ། སྙོམས་པོ་མེད་པ་རྗེན་པ་སོགས་ཀྱི་ཤུགས་རྐྱེན་གྱིས་གས་གཏོར་སླ་བའི་གནད་དོན་དེ་ཉིད་འཛམ་གླིང་གི་དཀའ་གནད་ཅིག་ཏུ་གྱུར་ཡོད།

རང་རྒྱལ་གྱི་ཚན་རིག་པས་གསར་སྤེལ་བྱས་པའི་ཀྲུང་གོའི་ཁྱད་ཆོས་ལྡན་པའི་ཚ་དམའ་བའི་སྲོལ་སྐྱུར་རྫ་ཆུའི་བསྲིས་འདམ་དང་མ་ལག་ཚང་བའི་བཀོལ་སྤྱོད་ལག་རྩལ་ནི། ཐོག་མར་ཕྱོགས་ཡོངས་ནས་འཛམ་གླིང་གི་ཨང་བདུན་པ་དང་ཀྲུང་གོའི་ཨང་བཞི་པའི་ཡུན་ནན་ཨུའུ་ཏུང་ཏེ་ཆུ་ཤུགས་སློག་ཁང་སྟེང་དུ་བཀོལ་སྤྱོད་བྱས་ཤིང་། ཆབ་ཕྲ་ཁྲི་སྟོང་རིམ་པའི་ཆུ་ཤུགས་སློག་ཁང་ཆེན་པོ་དེར་འཛམ་གླིང་སྟེང་གི་ཆེས་སྲབ་པའི་སྨི300རིམ་པའི་གཞུ་དབྱིབས་ཀྱི་མཐོན་པོའི་ཆུ་རགས་བརྒྱུན་ཡོད་པས། དྲོད་ཚད་ཚོད་འཛིན་གྱི་གས་འགོག་བསྲིས་འདམ་གཞིས་ནུས་ལ་འགྲན་སློང་དང་ཚོད་བགམ་ཞིག་ཡིན། དུས་ཡུན་ལོ་གསུམ་དང་ཟླ་བ་གཉིས་རིང་གི་བསྲིས་འདམ་གྱི་ལྷུག་བཟོ་ལས་དོན་ཁྲོད་དུ། ཞིབ་འཇུག་གསར་སྤེལ་བྱས་པའི་རྒྱུ་ཆའི་དྲོད་འཕར་དམའ་བའི་དབང་གིས། དྲོད་ཚད་ཚོད་འཛིན་གྱི་དཀའ་ཁག་ཇེ་དམའ་རུ་ཕྱིན་པ་དང་། གྲང་བཟོའི་ནུས་ཁུངས་ཟད་གྲོན་ཇེ་ཉུང་དུ་ཕྱིན་པར་མ་ཟད། ཕན་ནུས་ཇེ་མཐོ་དང་ལས་ཡུན་འགག་ལེན་བྱེད་ཐུབ་པ་བྱུང་བས་འཛམ་གླིང་སྟེང་གི་རགས་ཡོངས་ཀྱི་དྲོད་ཚད་དམའ་བའི་བསྲིས་འདམ་ལྷུག་བཟོ་ཤིན་ཏུ་མཐོ་བའི་ཆུ་རགས་དང་པོར་གྱུར་ཡོད། ཆུ་ཤུགས་སློག་ཁང་ཐོན་སྐྱེད་བྱེད་མགོ་ཚུགས་པ་དང་འཁོར་རྒྱུག་བྱས་པ་ནས་བཟུང་། བསྲིས་འདམ་གྱི་དྲོད་ཚད་གས་སྲུབས་བྱུང་མེད་པས། སྔོན་ཆད་ཀྱི་གས་ཁ——ཆུ་འདྲེན——ཉམས་གསོ་བཅས་ཀྱི་ལོ་རྒྱུས་མཇུག་འགྲིལ་ནས། རྒྱལ་ཁའི་ངང་འཛམ་གླིང་གི་དཀའ་གནད་སེལ་བ་དང་། ཤུགས་ཆེན་པོས་རགས་ཆེན་གྱི་སྐྱེ་ཡོངས་རང་བཞིན་དང་བདེ་འཇགས་རང་བཞིན། ཡུན་རིང་རང་བཞིན་བཅས་ཇེ་མཐོར་བཏང་སྟེ་དངོས་ཡོད་སྟོབས་ཤུགས་ལ་བརྟེན་ནས་རྒྱལ་ཁབ་ཆེན་པོའི་བཟོ་སྐྲུན་དར་རྒྱས་བྱུང་བར་གསལ་བཤད་བྱས་ཡོད་དོ། །

20 我国8.5代液晶玻璃基板实现“零”的突破
རང་རྒྱལ་གྱི་རབས8.5གཤེར་བདར་ཤེལ་གྱི་གཞི་ལེབ“ཐིག་ལེ”གཏོར་བ་མངོན་འགྱུར་བྱུང་།

平板显示领域是充分竞争性行业，是中国电子信息产业发展的战略支撑。玻璃基板是液晶显示面板核心部件，生产工艺技术代表着目前全球现代玻璃规模化制造领域的最高水平。由于大尺寸玻璃基板的技术和产业壁垒很高，长期以来一直被国外极少数企业所垄断，成为制约国家电子信息显示产业发展的“卡脖子”材料。

8.5代TFT-LCD显示技术对玻璃基板的热学、力学、光学、电学、几何尺寸、外观质量、微观波纹度等性能指标有着特殊要求，其生产控制精度与半导体行业相当。几十年磨一剑，2019年，我国首条8.5代TFT-LCD玻璃基板生产线成功点火、产品下线，这是我国自主创新的重大成果。8.5代液晶玻璃基板生产线的批量生产，打破了美国、日本的技术垄断，不仅实现了我国高世代液晶玻璃基板“零”的突破，还将形成具有我国自主知识产权的高世代电子玻璃关键工艺技术，这让我国企业在玻璃基板领域跟上了国际第一梯队，使我国成为全球为数不多掌握8.5代TFT-LCD玻璃基板生产技术的国家。

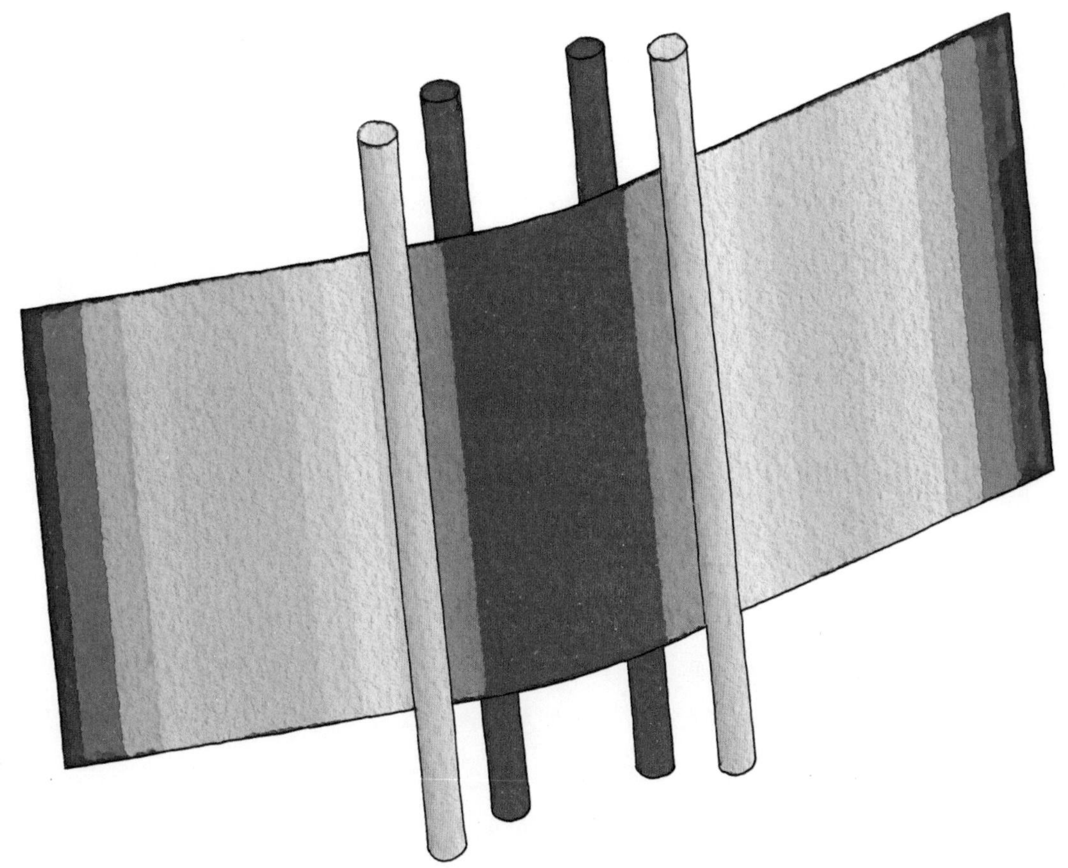

ངོས་ལེབ་མངོན་འཆར་ཁྱབ་ཁོངས་ནི་འགྲན་ཤུགས་རང་བཞིན་ཤིན་ཏུ་ཆེ་བའི་ལས་རིགས་ཤིག་ཡིན་པ་དང་། ཀྲུང་གོའི་གློག་རྡུལ་ཆ་འཕྲིན་ཐོན་ལས་འཕེལ་རྒྱས་ཀྱི་འཐབ་རྩལ་འདེགས་སྐྱོར་ཞིག་ཀྱང་ཡིན། ཤེལ་གྱི་གཞི་ལེབ་ནི་གཤེར་བདར་ཤེལ་འཆར་ངོས་ཀྱི་ལྟེ་ལག་གཙོ་བོ་ཡིན་པ་དང་། ཐོན་སྐྱེད་བཟོ་རྩལ་ལག་རྩལ་གྱིས་མིག་སྔའི་གོ་ལ་ཧྲིལ་པོའི་དེང་རབས་ཤེལ་གཞི་ཁྱོན་ཅན་གྱི་བཟོ་སྐྲུན་ཁྱབ་ཁོངས་ཀྱི་ཆུ་ཚད་མཐོ་ཤོས་མཚོན་པ་ཡིན། ཚད་གཞི་ཆེ་གྲས་ཤེལ་གྱི་གཞི་ལེབ་ལག་རྩལ་དང་ཐོན་ལས་ཀྱི་བཀག་རྒྱ་ཧ་ཅང་ཆེ་བས། དུས་ཡུན་རིང་པོར་ཕྱི་རྒྱལ་གྱི་ཁེ་ལས་ཁྱུང་ཤས་ཀྱིས་སྙེར་སྡེམ་བྱས་ཏེ། རྒྱལ་ཁབ་ཀྱི་གློག་རྡུལ་ཆ་འཕྲིན་མངོན་འཆར་ཐོན་ལས་འཕེལ་རྒྱས་ལ་ཚོད་འཛིན་ཐེབས་པའི་རྐྱ་ཆར་གྱུར་ཡོད།

རབས8.5TFT–LCDམངོན་འཆར་ལག་རྩལ་གྱིས་ཤེལ་གྱི་གཞི་ལེབ་ཀྱི་ཚ་རིག་པ་དང་ཤུགས་རིག་པ། འོད་རིག་པ། གློག་རིག་པ། དབྱིབས་རྩིས་ཆེ་ཆུང་། བཟོ་ལྟའི་སྦུས་ཚད། ཕྱ་མཐོང་རླབས་རིས་ཚད་གཞི་སོགས་གཤིས་ནུས་དམིགས་ཚད་ལ་དམིགས་བསལ་གྱི་རེ་བ་ཡོད་ཅིང་། དེའི་ཐོན་སྐྱེད་ཚོད་འཛིན་ཞིབ་ཚད་ནི་གློག་འདྲེན་ཕྱེད་གཟུགས་ལས་རིགས་དང་འདྲ་མཚུངས་ཡིན། ལོ་ངོ་བཅུ་ཕྲག་ཁ་ཤས་ཀྱི་རིང་ལ་རལ་གྲི་གཅིག་བརྡར་བའི་དཔེ་བཞིན། 2019ལོར། རང་རྒྱལ་གྱི་རབས8.5TFT–LCDཤེལ་གྱི་གཞི་ལེབ་ཐོན་སྐྱེད་སྐྲུན་རིམ་ཐོག་མ་རྒྱལ་ཁའི་ངང་མགོ་ཚུགས་པ་དང་ཐོན་རྗེས་ཐོན་སྐྱེད་བྱས་པས། དེ་ནི་རང་རྒྱལ་གྱིས་རང་བདག་གསར་གཏོད་བྱས་པའི་གྲུབ་འབྲས་གལ་ཆེན་ཞིག་ཡིན། རབས8.5གཤེར་བདར་ཤེལ་གྱི་གཞི་ལེབ་ཐོན་སྐྱེད་སྐྲུན་རིམ་ཐོན་སྐྱེད་འཕོར་ཆེན་བྱས་པས་ཨ་རི་དང་འཇར་པན་གྱི་ལག་རྩལ་སྙེར་སྡེམ་གཏོར་ནས་རང་རྒྱལ་གྱི་རབས་མཐོ་བའི་གཤེར་བདར་ཤེལ་གྱི་གཞི་ལེབ་ཀྱི"ཐིག་ལེ"གཏོར་བར་མ་ཟད། ད་དུང་རང་རྒྱལ་གྱི་རང་བདག་ཤེས་བྱའི་བདག་དབང་ལྡན་པའི་རབས་མཐོ་བའི་གློག་རྡུལ་ཤེལ་གྱི་འགག་རྩའི་བཟོ་རྩལ་ལག་རྩལ་ཞིག་ཀྱང་ཡོད་ཅིང་། དེས་རང་རྒྱལ་ཁེ་ལས་ཀྱི་ཤེལ་གྱི་གཞི་ལེབ་ཁྱབ་ཁོངས་ནས་རྒྱལ་སྤྱིའི་སྐབས་རིམ་དང་པོའི་གྲས་སུ་རྗེས་ཟིན་ནས། གོ་ལ་ཧྲིལ་པོའི་རབས8.5TFT–LCDཤེལ་གྱི་གཞི་ལེབ་ཐོན་སྐྱེད་ལག་རྩལ་ཁོང་དུ་ཆུད་པའི་རྒྱལ་ཁབ་མང་པོ་མེད་པའི་གྲས་སུ་ཚུད་ཡོད།

21 高性能镁合金
གཤིས་ནུས་མཐོ་བའི་སྣ་བསྲེས་ལྕགས།

镁在实用金属结构材料中比重最小（密度为铝的2/3，钢的1/4）。这一特性对于现代社会的手提类产品减轻重量、车辆减少能耗以及重要大型装备的轻量化具有重要意义。镁合金是以镁为基础加入其他元素形成的合金材料，具有密度小、高强度、高刚性、耐蚀性、抗震减噪、易于回收等特点，作为21世纪的绿色工程材料，已成为全球学术界的研究热点，并受到工业界的重视。

我国具有镁资源优势，在镁合金的研究和应用上取得了很大进展，已经研制出耐热镁合金、高强高韧镁合金、变形镁合金、稀土镁合金等新材料品种，开发了低成本、高效镁合金熔体纯净化新工艺，以及镁合金差温横速挤压技术、扩收控制大比率锻造技术、近恒温轧制技术、非对称加工技术等，成功制备出大规格高强高韧镁合金型材、锻件及高性能镁合金宽幅板卷。中国科学家经过持续努力，让“易燃”的镁不再易燃，显著减少了环境污染，实现了镁、铝合金汽车零部件制造技术产业化；让“软质”的镁不再软质，扩大了镁合金使用范围，实现了高品质镁合金及其制品产业化示范；让“不稳定”的镁合金不再“活跃”，实现多种上天入地装备重要部件的精密成型，已在航空集装器、轨道车辆支撑梁、汽车轮毂和3C产品外壳等部件上实现了示范应用。

སྣ་ནི་ཉེར་སྤྱོད་ལྕགས་རིགས་ཀྱི་སྒྲིག་གཞི་རྒྱུ་ཆའི་ཁྲོད་ཀྱི་བསྡུར་ཚད་ཆེས་ཆུང་བ་ཡིན། སྟུག་ཚད་ནི་ཧ་ཡང་གི2/3དང་ངར་ལྕགས་ཀྱི1/4ཡིན། ཁྱད་ཆོས་དེ་ནི་དེང་རབས་སྤྱི་ཚོགས་ཀྱི་ལག་འཁྱེར་རིགས་ཀྱི་ཐོན་རྫས་ཀྱི་ལྗིད་ཚད་ཇེ་ཡང་དུ་གཏོང་བ་དང་། རླངས་འཁོར་གྱི་ནུས་ཁུངས་ཟད་གྲོན་ཇེ་ཉུང་དུ་གཏོང་བ། སྒྲིག་ཆས་ཆེ་གྲས་གལ་ཆེན་གྱི་ཚད་འབེབས་ཇེ་ཡང་དུ་གཏོང་བ་བཅས་ལ་དོན་སྙིང་གལ་ཆེན་ལྡན། སྣ་བསྲེས་ལྕགས་ནི་སྣ་རྨང་གཞིར་བྱས་ཏེ་གཞི་རྒྱུ་གཞན་དག་ནང་དུ་བསྲེས་ནས་གྲུབ་པའི་བསྲེས་ལྕགས་རྒྱུ་ཆ་ཞིག་ཡིན་ཞིང་། དེར་སྟུག་ཚད་ཆུང་བ་དང་ཤུགས་ཚད་མཐོ་བ། མཁྲེགས་

གཤིས་མཐོ་བ་དང་རྩལ་ཐེག་རང་བཞིན་བཟང་བ། ཡོམ་འགོག་གི་འཛེར་སྒྲ་ཇེ་ཆུང་དུ་གཏོང་བ། ཕྱིར་བསྡུ་སླ་བ་སོགས་ཀྱི་ཁྱད་ཆོས་ལྡན། དུས་རབས21པའི་ལྡང་མདོག་བཟོ་སྐྲུན་གྱི་རྒྱུ་ཆ་ཞིག་ཡིན་པའི་ངོས་ནས། གོ་ལ་རྡེལ་པོའི་རིག་གཞུང་ལས་རིགས་ཀྱི་ཞིབ་འཇུག་བྱ་ཡུལ་མང་ཤོས་སུ་གྱུར་པར་མ་ཟད། བཟོ་ལས་ལས་རིགས་ཀྱིས་ཀྱང་མཐོང་ཆེན་བྱེད་བཞིན་ཡོད།

རང་རྒྱལ་ལ་སྣེ་ཐོན་ཁུངས་ཕུན་སུམ་ཚོགས་པ་ལྡན་ཞིང་། སྣེ་བསྲེས་ལྕགས་ཀྱི་ཞིབ་འཇུག་དང་བཀོལ་སྤྱོད་ཐད་ནས་འཕེལ་རྒྱས་ཆེན་པོ་བྱུང་ཡོད། ཚ་བཟོད་སྣེ་བསྲེས་ལྕགས་དང་ཤུགས་ཚད་དང་མཉེན་ཚད་མཐོ་བའི་སྣེ་བསྲེས་ལྕགས། དབྱིབས་འགྱུར་སྣེ་བསྲེས་ལྕགས། ཞི་བྲུའུ་སྣེ་བསྲེས་ལྕགས་སོགས་རྒྱུ་ཆ་གསར་བའི་རིགས་ཞིབ་འཇུག་གསར་བཟོ་བྱས་ཡོད་པ་དང་། མ་གནས་དམའ་བ་དང་ནུས་ཆེའི་སྣེ་བསྲེས་མའི་བཞུ་གཟུགས་གཙང་མ་བཟོ་བའི་བཟོ་རྩལ་གསར་བ། དེ་མིན་སྣེ་བསྲེས་ལྕགས་ཀྱི་དྲོད་ཁྱད་འཕྲེད་འགྲོས་བཅོར་གནོན་ལག་རྩལ་དང་། སྟུད་ཁྲོན་རྒྱ་སྐྱེད་དང་ཚོད་འཛིན་བྱེད་པའི་བསྟུར་ཚད་ཆེན་པོའི་རྩང་བཟོའི་ལག་རྩལ། འགྱུར་མེད་དྲོད་ཚད་དང་ཉེ་བའི་བཅོར་གནོན་ལག་རྩལ། ཆ་འཁྲིག་མིན་པའི་ལས་སྣོན་ལག་རྩལ་སོགས་གསར་སྤེལ་བྱས་པས། རྒྱལ་ཁའི་ངང་ཚད་གཞི་མཐོན་པོ་དང་ཤུགས་ཚད་མཐོ་བའམ་མཉེན་ཚད་མཐོ་བའི་སྣེ་བསྲེས་ལྕགས་རྒྱུ་ཆ་དང་རྒྱུ་ལྕགས་བརྟུངས་མ། དེ་བཞིན་གཤིས་ནུས་མཐོ་བའི་སྣེ་མཉམ་བསྲེས་ལྕགས་རིགས་ཀྱི་ཁོངས་ཡངས་པང་ལེབ་སོགས་བཟོས་པ་རེད། ཀྲུང་གོའི་ཚན་རིག་པས་རྒྱུན་མཐུད་འབད་བརྩོན་བརྒྱུད་ནས། "འབར་སླ་བའི"སྣེ་སྐར་ཡང་འབར་དཀའ་བ་དང་ཁོར་ཡུག་སྲུགས་བཙོག་མཛོན་གསལ་གྱིས་ཇེ་ཉུང་དུ་བཏང་ནས། སྣེ་དང་ཏ་ཡང་ལྕགས་བསྲེས་མའི་རླངས་འཁོར་ལྷུ་ལག་བཟོ་སྐྲུན་ལག་རྩལ་ཐོན་ལས་ཅན་དུ་གྱུར་ཡོད། "མཉེན་རྫས"ཀྱི་སྣེར་མཉེན་རྒྱུ་མེད་པ་དང་། སྣེ་བསྲེས་ལྕགས་བེད་སྤྱོད་ཁྱབ་ཁོངས་རྒྱ་ཆེར་བཏང་བས། སྲུས་ཚད་མཐོ་བའི་སྣེ་བསྲེས་ལྕགས་དང་དེའི་ཐོན་རྫས་ཐོན་ལས་ཅན་གྱི་དཔེ་སྟོན་ལག་བསྟར་བྱས། "གཏན་འཛུགས་མིན་པའི"སྣེ་བསྲེས་ལྕགས་ནི"འབྲུག་ཆ་དོད་པོ"མེད་པར། གནམ་ས་གཉིས་ཀའི་སྲིག་ཆས་ཀྱི་ལྷུ་ལག་གལ་ཆེན་ནྲ་ཚོགས་ཞིབ་བཟོ་བྱས་པ་དང་། མཁའ་འགྲུལ་གྱི་འདུས་སྒྲིག་ཆས་དང་འཁོར་ལམ་རླངས་འཁོར་གྱི་འདེགས་སྐྱོར་གདུང་མ། རླངས་འཁོར་གྱི་འཁོར་མདའ་བརྒྱུ་སྣོད། 3Cཐོན་རྫས་ཀྱི་ཕྱི་ཤུན་སོགས་ཀྱི་ལྷུ་ལག་སྟེང་དུ་དཔེ་སྟོན་བེད་སྤྱོད་བྱེད་བཞིན་ཡོད་དོ། །

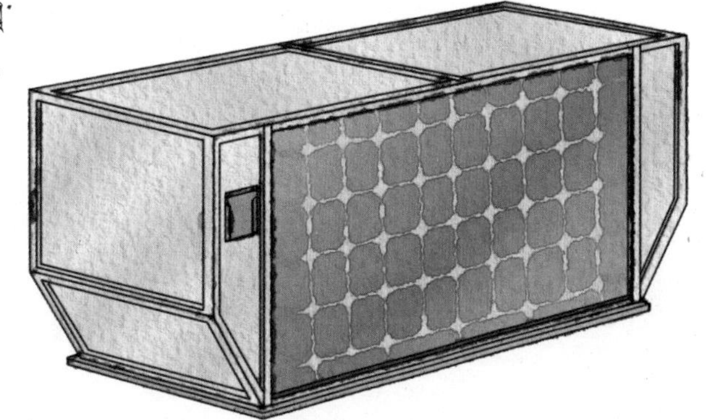

22 飞机碳陶刹车盘技术

གནམ་གྲུའི་སྣན་ཐའོ་འཁོར་བཀག་སྡེར་མའི་ལག་རྩལ།

在很多人的印象中，我们国家在航空领域是落后于世界水平的，但大家不知道的是，我们和发达国家的差距正在逐渐缩小，比如我们拥有自己制造的客机C919，还比如研制的飞机碳陶刹车盘，技术已经达到世界领先水平。

一架大吨位的大型客机起飞重量就达到三四百吨，加之飞机的飞行速度快，落地后在惯性作用下需要滑行一段时间才能停下来，而刹车就起到了至关重要的作用。我国研制的碳陶飞机机轮刹车功能复合材料，俗称刹车盘，具有重量轻、硬度高、刹车平稳、耐高温、耐腐蚀、环境适应性强和使用寿命长等优点。它可以承受1000摄氏度以上的高温，比起标准的铸铁盘耐用超60倍，被公认为是性能优异的新一代刹车材料。与上一代刹车盘相比，碳陶刹车盘静摩擦系数提高1—2倍，湿态摩擦性能衰减降低60%以上，磨损率降低50%以上，使用寿命提高1—2倍，生产周期降低2/3，生产成本降低1/3，能耗降低2/3，性价比提高2—3倍。它已批量装备十几个飞机机型，使我国成为国际上第一个率先使用碳陶刹车盘的国家。

མི་མང་པོའི་བློ་ངོར། མཁའ་འགྲུལ་ཁྱབ་ཁོངས་སུ་རང་རེའི་རྒྱལ་ཁབ་ནི་འཛམ་གླིང་གི་ཆུ་ཚད་དང་བསྡུར་ན་རྗེས་ལུས་ཡིན་པར་བསམ་ཡོད་སྲིད། འོན་ཀྱང་ཚང་མས་ཤེས་ཚོར་བྱུང་མེད་པ་ནི། ང་ཚོ་དང་དར་རྒྱས་ཆེ་བའི་རྒྱལ་ཁབ་བར་གྱི་ཁྱད་པར་རིམ་བཞིན་ཇེ་ཆུང་དུ་འགྲོ་བཞིན་ཡོད་དེ། དཔེར་ན། ང་ཚོར་རང་ཉིད་ཀྱིས་བཟོས་པའི་འགྲུལ་སྐྱོལ་གནམ་གྲུC919ཡོད་པ་དང་། ད་དུང་ཞིབ་བཟོ་བྱས་པའི་གནམ་གྲུའི་ སྣན་ཐའོ་འཁོར་བཀག་སྒྲིར་མའི་ལག་རྩལ་ནི་འཛམ་གླིང་གི་སྔོན་ཐོན་ཆུ་ཚད་དུ་སླེབས་ཡོད།

ཏུན་གྲངས་མཐོ་བའི་འགྲུལ་སྐྱོལ་གནམ་གྲུ་ཆེ་གྲས་ཤིག་འཕུར་སྐྱོད་བྱེད་པའི་ལྡིད་ཚད་ཏུན་སུམ་བརྒྱའམ་བཞི་བརྒྱར་སླེབས་པ་དང་། དེའི་ཁར་གནམ་གྲུའི་འཕུར་སྐྱོད་མྱུར་ཚད་མགྱོགས་པས། སར་བབས་རྗེས་ཁོམས་གཤིས་ཀྱི་ནུས་པའི་འོག་ཏུ་ཤུད་ནས་དུས་ཚོད་ངེས་ཅན་ཞིག་འགོར་རྗེས་ད་གཟོད་འདུག་ཐུབ་པ་དང་། འཁོར་བཀག་གིས་འདི་ཐད་ནས་ནུས་པ་གལ་ཆེན་ཐོན་པ་ཡིན། རང་རྒྱལ་གྱིས་ཞིབ་བཟོ་བྱས་པའི་སྣན་ཐའོ་གནམ་གྲུའི་འཁོར་ལོའི་འཁོར་བཀག་བྱེད་ནུས་མཉམ་འདུས་རྒྱུ་ཆ་ལ་མཚོན་ན། དེའི་ལྡིད་ཚད་ཡང་བ་དང་སྲ་ཚད་མཐོ་བ། འཁོར་བཀག་བརྟན་པ། དྲོད་ཚད་མཐོན་པོ་བཟོད་པ། རྡུལ་བསླད་བཟོད་པ། ཁོར་ཡུག་འཕྲོད་ནུས་ཆེ་བ། བཀོལ་སྤྱོད་དུས་ཡུན་རིང་བ་སོགས་ཀྱི་ཡིགས་ཆ་ལྡན། དེས་ཧྲེ་ཧྲི་ཏུཙ1000ཡན་གྱི་དྲོད་ཚད་མཐོན་པོ་ཐེག་ཐུབ་པ་དང་། ཚད་ལྡན་གྱི་ཁྲོ་ལྕགས་སྒྲིར་མ་དང་བསྡུར་ན་སྤྱོད་ཤན་ཆེ་ཚད་ལྷག60ལས་བརྒལ་ཡོད། ཀུན་གྱིས་ཁས་ལེན་པའི་གཤིས་ནུས་བཟང་བའི་རབས་གསར་བའི་འཁོར་བཀག་རྒྱུ་ཆ་ཡིན། རབས་གོང་མའི་འཁོར་བཀག་སྒྲིར་མ་དང་བསྡུར་ན། སྣན་ཐའོ་འཁོར་བཀག་སྒྲིར་མའི་འཛམ་གཙུབ་བརྗར་གྱི་བརྟགས་གྲངས་ལྷག1—2བར་ཇེ་མཐོར་སོང་ཡོད་ཅིང་། བརླན་རྣམ་གཙུབ་བརྗར་གཤིས་ནུས་ཉམས་ཚད60%ཡན་དང་བརྗར་ཟད་ཐེབས་ཚད50%ཡན་ཇེ་དམའ་རུ་སོང་ཡོད། སྤྱོད་ཡུན་ལྷག1—2ཇེ་མཐོ་དང་ཐོན་སྐྱེད་དུས་འཁོར2/3ཇེ་དམར་སོང་ཡོད། ཐོན་སྐྱེད་མ་གནས1/3དང་ནུས་རྒྱུ་ཟད་གྲོན2/3ཇེ་དམའ་ཡིན་ཞིང་། སྲུས་གོང་བསྡུར་ཚད་ལྷག2—3ཇེ་མཐོར་སོང་ཡོད། དེར་གནམ་གྲུ་བཙུ་སྦྲག་འཕོར་ཆེན་སྒྲིག་སྦྱོར་བྱས་ཟིན་པས། རང་རྒྱལ་ནི་རྒྱལ་སྤྱིའི་སྟེང་གི་སྣན་ཐའོ་འཁོར་བཀག་ཐོག་མར་སྤྱོད་མཁན་གྱི་རྒྱལ་ཁབ་ཨང་དང་པོར་གྱུར་ཡོད།

23 超高清晰、超高分辨率大尺寸LED显示器

གསལ་ཚད་དང་དབྱེ་འབྱེད་ཚད་ལས་བརྒལ་བའི་ཚད་གཞི་ཆེ་གྲས་ཀྱིLEDའཆར་ཆས།

城市中随处可见的大尺寸LED显示器，无不展示着现代都市的活力。滚动播出的画面、震撼的视觉效果都彰显出LED显示器的魅力。除了城市中随处可见的大尺寸LED显示屏，它还广泛应用在智慧监控中心、智慧城市视频会议、远程医疗以及教育、展览等领域，它就像一双城市的眼睛，为我们的生活带来便利和趣味。

大尺寸LED显示器具有低功耗、高效率、高亮度、超高分辨率、高色彩饱和度、高响应速度和长寿命等优势。我国科学家研发出超高密度小间距LED显示器，开发了发光芯片、封装材料、驱动器件关键技术并进行了产品应用示范，产品像素点间距只有0.4—0.8毫米，发光芯片尺寸及像素间距已经进入微显示级亚毫米显示范畴。另外，我国科学家采用倒装LED集成封装技术提高了器件可靠性，实现了超高清、超分辨率大尺寸LED显示器并批量化生产。为满足人眼视觉感官，科研工作者从显示驱动控制、均一性调控和补偿等方面做了很多研究。如今，我国生产的大尺寸LED显示器远销北美、欧洲、独联体等地，有力提升了我国LED显示行业的整体水平，使我国在国际大尺寸新型显示领域占有重要的位置。

གྲོང་ཁྱེར་ནང་དུ་གང་སར་མཐོང་རྒྱུ་ཡོད་པའི་ཚད་གཞི་ཆེ་གྲས་ཀྱིLEDའཆར་ཆས་ཀྱིས་དེང་རབས་གྲོང་ཁྱེར་གྱི་གསོན་ཤུགས་མངོན་པར་མཚོན་པ་དང་། འཕྲིན་འགྲུལ་གྱིས་གཏོང་བའི་བརྙན་རིས་དང་གཡོ་འགུལ་ཐེབས་པའི་མཐོང་ཚོར་གྱི་ཕན་འབྲས་ཚང་མསLEDའཆར་ཆས་ཀྱི་ཡིད་དབང་འཕྲོག་ཤུགས་མངོན་ཡོད། གྲོང་ཁྱེར་གྱི་གང་སར་ཚད་གཞི་ཆེ་གྲས་ཀྱིLEDའཆར་ཆས་མཐོང་རྒྱུ་ཡོད་པ་ལས་གཞན། ད་དུང་རིག་ནུས་ལྟ་སྐྱིལ་ཚོད་འཛིན་ལྟེ་གནས་དང་། རིག་ལྡན་གྲོང་ཁྱེར་གྱི་བརྙན་ལམ་ཚོགས་འདུ། རྒྱང་བསྟེན་སྨན་བཅོས་དང་དེ་བཞིན་སློབ་གསོ་དང་འགྲེམས་སྟོན་སོགས་ཁྱབ་ཁོངས་སུ་རྒྱ་ཁྱབ་ངང་སྤྱོད་བཞིན་ཡོད། དེ་ནི་གྲོང་ཁྱེར་གྱི་མིག་ཟུང་དང་འདྲ་བར་ང་ཚོའི་འཚོ་བར་སྟབས་བདེ་དང་སྤྲོ་སྣང་སྐྲུན་བཞིན་ཡོད།

ཚད་གཞི་ཆེ་གྲས་ཀྱིLEDའཆར་ཆས་ལ་ནུས་གྲོན་དམའ་བ་དང་ལས་ཐུབ་ཆེ་བ། གསལ་ཚད་མཐོ་བ། དབྱེ་འབྱེད་ཚད་མཐོ་བ། ཚོན་མདོག་གི་ཚད་ལོང་ཚད་མཐོ་བ། དང་ལེན་མྱུར་ཚད་མཐོ་བ་དང་སྤྱོད་ཡུན་རིང་བ་སོགས་ཀྱི་ལེགས་ཆ་ལྡན། རང་རྒྱལ་གྱི་ཚན་རིག་པས་སྟུག་ཚད་མཐོ་ཞིང་བར་ཐག་ཆུང་བའིLEDའཆར་ཆས་ཞིབ་འཇུག་གསར་སྤེལ་བྱས་པ་དང་། འོད་འཕྲོའི་ཉིང་ལྷེབ་དང་བསྡམས་ཐུམ་རྒྱུ་ཆ། སྐྱལ་འདེད་ཡོ་ཆས་ཀྱི་འགག་རྩའི་ལག་རྩལ་བཅས་གསར་སྤེལ་བྱས་པར་མ་ཟད། ཐོན་ཟློས་བཀོལ་སྤྱོད་དཔེ་སྟོན་ཡང་བྱས་ཡོད། ཐོན་ཟློས་བརྙན་རྒྱུའི་བར་ཐག་ཏའོ་སྨི0.4—0.8ལས་མེད་པ་དང་། འོད་འཕྲོའི་ཉིང་ལྷེབ་ཆེ་ཆུང་དང་བརྙན་རྒྱུའི་བར་ཐག་ནི་མངོན་རིམ་གྱི་ཏའོ་སྨི་ཁ་བའི་འཆར་ངོས་ཁྱབ་ཁོངས་སུ་སླེབས་ཡོད། གཞན་ཡང་། རང་རྒྱལ་གྱི་ཚན་རིག་པས་ལྡོག་སྒྲིགLEDབསྡུས་གྲུབ་བསྡམས་ཐུམ་ལག་རྩལ་སྤྱད་ནས་ལྷུ་ཆས་ཀྱི་རྟེན་ཉུང་རང་བཞིན་ཇེ་མཐོར་བཏང་བ་དང་། གསལ་ཚད་དང་དབྱེ་འབྱེད་ཚད་ལས་བརྒལ་བའི་ཚད་གཞི་ཆེ་གྲས་ཀྱིLEDའཆར་ཆས་གྲུབ་པར་མ་ཟད། ཚད་འབེབས་ཐོན་སྐྱེད་བྱེད་ཐུབ་པའང་མངོན་འགྱུར་བྱུང་ཡོད། མི་རྣམས་ཀྱི་མིག་གི་མཐོང་ཚོར་དབང་པོའི་དགོས་མཁོ་སྐོང་ཆེད། ཚན་ཞིབ་ལས་དོན་པས་འཆར་སྐྱིལ་ཚོད་འཛིན་དང་ཆ་སྙོམས་རང་བཞིན་གྱི་སྙོམ་སྒྲིག་དང་ཁ་གསབ་སོགས་ཀྱི་ཐད་ནས་ཞིབ་འཇུག་མང་པོ་བྱས་པས། མིག་སྔར། རང་རྒྱལ་གྱིས་ཐོན་སྐྱེད་བྱས་པའི་ཚད་གཞི་ཆེ་གྲས་ཀྱིLEDའཆར་ཆས་ནི་ཨ་མེ་རི་ཁ་བྱང་མ་དང་ཡོ་རོབ། རང་བཙན་མཉམ་འབྲེལ་སྒྲིག་གཞི་སོགས་སུ་ཐེན་འཚོང་བྱེད་བཞིན་ཡོད་པས། རང་རྒྱལ་གྱིLEDའཆར་ཆས་ལས་རིགས་ཀྱི་སྤྱིའི་ཆུ་ཚད་ནུས་ལྡན་གྱིས་ཇེ་མཐོར་བཏང་ནས། རྒྱལ་སྤྱིའི་ཚད་གཞི་ཆེ་གྲས་ཀྱི་རིགས་གསར་འཆར་ཆས་ཁྱབ་ཁོངས་སུ་རང་རྒྱལ་གྱིས་གནས་བབ་གལ་ཆེན་ཟིན་ཡོད།

24 深紫外激光晶体
ཟླུག་ཕྱིའི་ལྷ་ཟེར་འོད་ཟེར་གཟུགས།

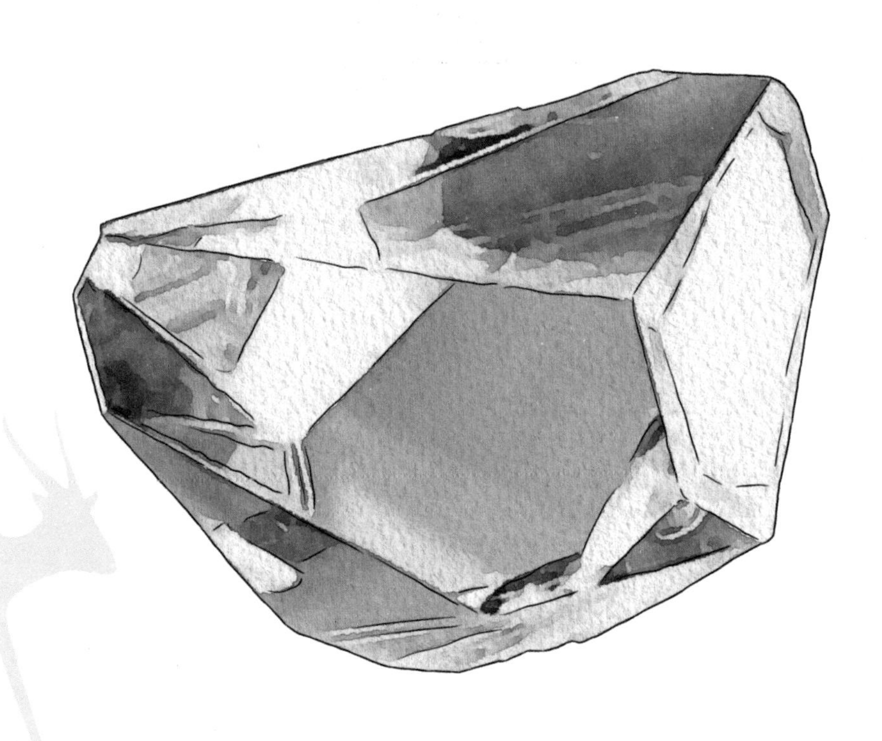

2013年，我国自主研发的深紫外固态激光源前沿装备研制项目通过验收，成为世界上唯一能够制造实用化深紫外全固态激光器的国家。

深紫外激光晶体是何物呢？它是一种名为氟硼铍酸钾（KBBF）的晶体。20世纪90年代初，在发现硼酸盐系列非线性光学晶体后，我国科学家经过10余年努力，在国际上首先生长出大尺寸KBBF晶体。它有什么用呢？KBBF晶体是目前唯一可直接倍频产生深紫外激光的非线性光学晶体，可以极大地推动光刻技术、激光精密加工、各种光电子能谱仪、激光光谱仪等领域和先进制造业的发展。

要将深紫外激光技术实用化、精密化，是一件非常难的事情。KBBF晶体是层状结构，难以切割，要做到深紫外倍频又必须切割。我国科学家经过长时间的实验，改进了KBBF原料提纯工艺和晶体生长工艺，提高了KBBF晶体光学质量，设计研制了特殊构型的KBBF棱镜耦合器件。该器件在国际上首次实现了1064纳米激光的6倍频输出，并最终发展出实用化的深紫外固态激光源，开启了中国的深紫外时代。

2013ལོར། རང་རྒྱལ་གྱིས་རང་བདག་ཞིབ་བཟོ་བྱས་པའི་སྨུག་ཕྱིའི་སྣ་གཟུགས་ལྷ་ཟེར་འབྱུང་ཁུངས་ཀྱི་སྒྲིག་ཆས་གསར་ཤོས་ཞིབ་བཤེར་བཟོའི་རྣམ་གྲངས་ལ་ཞིབ་བཤེར་རྩིས་ལེན་བྱས་པ་བརྒྱུད་ནས། འཛམ་གླིང་སྟེང་གི་དངོས་སྤྱོད་ཅན་གྱི་སྨུག་ཕྱིའི་སྣ་གཟུགས་ཀྱི་ལྷ་ཟེར་ཆས་བཟོ་སྐྲུན་བྱེད་ཐུབ་པའི་རྒྱལ་ཁབ་གཅིག་པུར་གྱུར་ཡོད།

སྨུག་ཕྱིའི་ལྷ་ཟེར་བདར་གཟུགས་ནི་ཅི་ཞིག་ཡིན་ནམ་ཞེ་ན། འདི་ནི་ཐུལ་པོན་པེར་སྦྱར་ཅ(KBBF)ཞེས་པའི་བདར་གཟུགས་ཤིག་ཡིན། དུས་རབས20པའི་ལོ་རབས90པའི་དུས་མགོར། པོན་སྦྱར་རྫའི་རིགས་ཀྱི་ཐིག་གཤིས་མིན་པའི་འོད་རིག་བདར་གཟུགས་གསར་རྙེད་བྱུང་རྗེས། རང་རྒྱལ་གྱི་ཚན་རིག་པས་ལོ་ངོ10ལྷག་གི་རིང་ལ་འབད་བརྩོན་བྱས་པ་བརྒྱུད་དེ། རྒྱལ་སྤྱིའི་སྟེང་གི་ཐོག་མའི་ཚད་གཞི་ཆེ་གྲས་ཀྱིKBBFབདར་གཟུགས་བཟོས་པ་དང་། དེར་ནུས་པ་ཅི་ཞིག་ཡོད་དམ་ཞེ་ན། KBBFབདར་གཟུགས་ནི་མིག་སྣང་ཐད་ཀའི་ལྷབ་འདར་ལས་སྨུག་ཕྱིའི་ལྷ་ཟེར་འབྱུང་ཐུབ་པའི་ཐིག་གཤིས་མིན་པའི་འོད་རིག་བདར་གཟུགས་གཅིག་པུ་ཡིན་ལ། དེས་འོད་བཀོས་ལག་རྩལ་དང་ལྷ་ཟེར་ཞིབ་ཚགས་ལས་སྣོན། འོད་རྟུལ་ནུས་ཤལ་དཔྱད་ཆས་སྣ་ཚོགས། ལྷ་ཟེར་འོད་ཤལ་དཔྱད་ཆས་སོགས་ཁྱབ་ཁོངས་དང་སྔོན་ཐོན་བཟོ་སྐྲུན་ལས་རིགས་འཕེལ་རྒྱས་ལ་སྐུལ་འདེད་ཆེན་པོ་གཏོང་ཐུབ།

སྨུག་ཕྱིའི་ལྷ་ཟེར་ལག་རྩལ་དངོས་སྤྱོད་ཅན་དང་ཞིབ་ཚགས་ཅན་དུ་བསྒྱུར་རྒྱུ་ནི་ཏ་ཅང་དཀའ་བའི་དོན་དག་ཅིག་ཡིན། KBBFབདར་གཟུགས་ནི་རིམ་བརྩེགས་དབྱིབས་ཀྱི་གྲུབ་ཚུལ་ཡིན་པས་གཏུབ་འབྲེག་བྱེད་དཀའ་བ་ཡིན། སྨུག་ཕྱིའི་ལྷབ་འདར་ཡིན་དགོས་ན་ངེས་པར་དུ་གཏུབ་འབྲེག་བྱེད་དགོས། རང་རྒྱལ་གྱི་ཚན་རིག་པས་དུས་ཡུན་རིང་པོར་དངོས་བཤེར་བྱས་པ་བརྒྱུད་དེ། KBBFམ་བཅོས་རྒྱུ་ཆ་ཕྲུས་གཙང་བཟོ་རྩལ་དང་བདར་གཟུགས་སྐྱེ་འཕེལ་བཟོ་རྩལ་ལེགས་བཅོས་བྱས་པ་དང་། KBBFབདར་གཟུགས་འོད་རིག་ཕྲུས་ཚད་ཇེ་མཐོར་བཏང་ཞིང་། ཁྱད་པར་ཅན་གྱི་གྲུབ་ཚུལ་རིགས་ཀྱིKBBFལེན་ཤེལ་མཐུད་སྦྱོར་ལྷུ་ཆས་འཆར་འགོད་དང་ཞིབ་བཟོ་བྱས། ལྷུ་ལག་དེས་རྒྱལ་སྤྱིའི་སྟེང་དུ་ཐོག་མར་ནྭ་སྨི1064ཡི་ལྷ་ཟེར་གྱི་ལྷབ་འདར6ཆྱིར་གཏོང་མངོན་འགྱུར་བྱུང་བར་མ་ཟད། མཐའ་མར་དངོས་སྤྱོད་ཅན་གྱི་སྨུག་ཕྱིའི་སྣ་གཟུགས་ལྷ་ཟེར་གྱི་འབྱུང་ཁུངས་འཕེལ་རྒྱས་བྱུང་ནས་གྲུང་གོའི་སྨུག་ཕྱིའི་དུས་རབས་ཀྱི་མགོ་ཚུགས་པ་ཡིན།

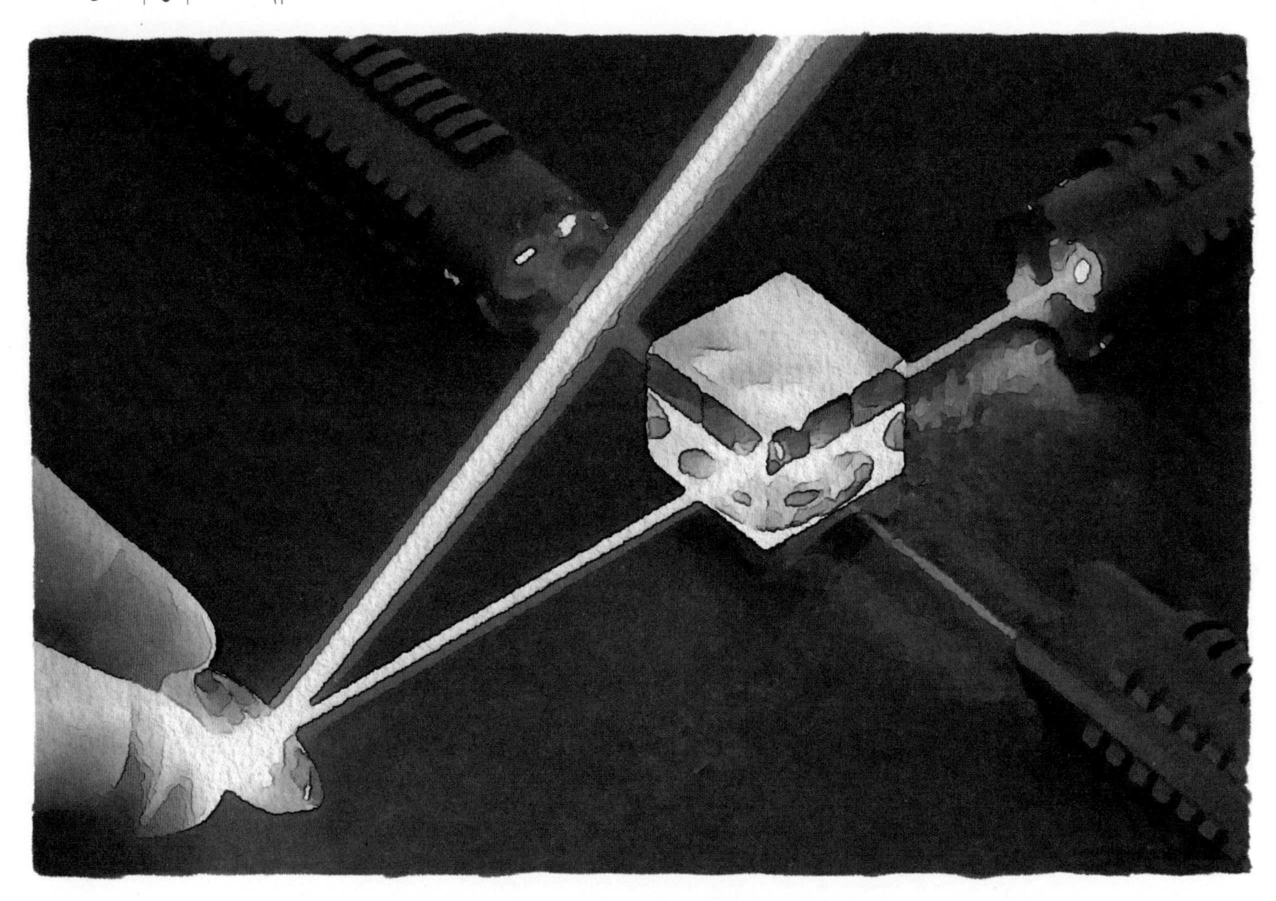

25 高光效长寿命白光LED
འོད་ནུས་མཐོ་ཞིང་སྤྱོད་ཡུན་རིང་བའི་འོད་དཀར་LED

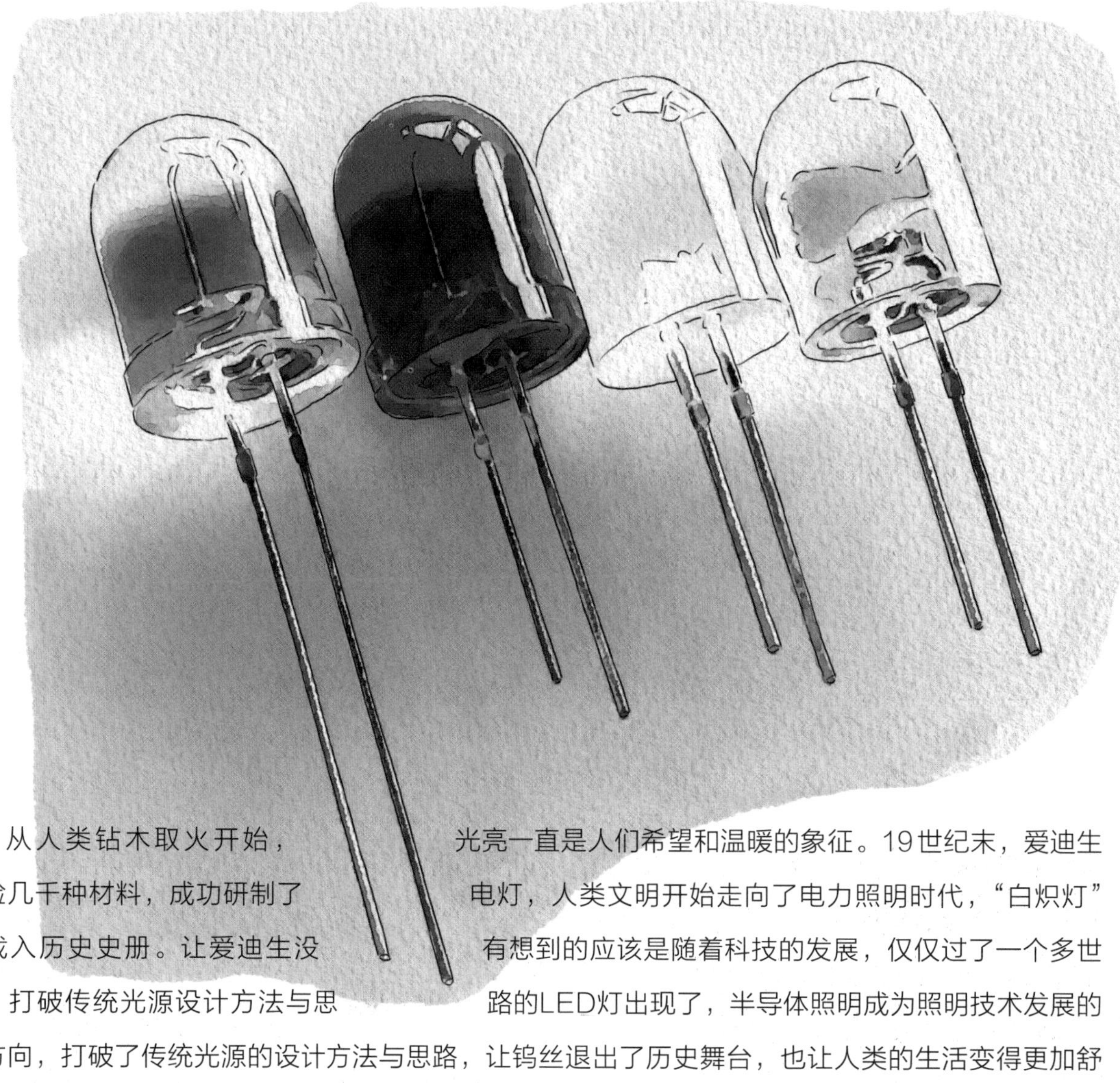

从人类钻木取火开始，光亮一直是人们希望和温暖的象征。19世纪末，爱迪生试验几千种材料，成功研制了电灯，人类文明开始走向了电力照明时代，“白炽灯”也载入历史史册。让爱迪生没有想到的应该是随着科技的发展，仅仅过了一个多世纪，打破传统光源设计方法与思路的LED灯出现了，半导体照明成为照明技术发展的新方向，打破了传统光源的设计方法与思路，让钨丝退出了历史舞台，也让人类的生活变得更加舒适、健康、绿色、便捷。

LED照明是什么呢？即发光二极管照明，是一种半导体固体发光器件。它利用固体半导体芯片作为发光材料，在半导体中通过载流子发生复合放出过剩的能量而引起光子发射，在此基础上，利用三基色原理，添加荧光粉，可以发出任意颜色的光。目前，中国已攻克大功率半导体照明材料生长与芯片制备、封装产业化关键技术，突破单芯片白光和有机发光等新型白光照明材料核心技术，构建公共研发平台和检测体系，支撑了“十城万盏”半导体照明应用示范工程，使中国的固态照明与产业迈上了世界级台阶，成为继美国、日本之后第三个拥有LED核心技术知识产权并进行产业化的国家。

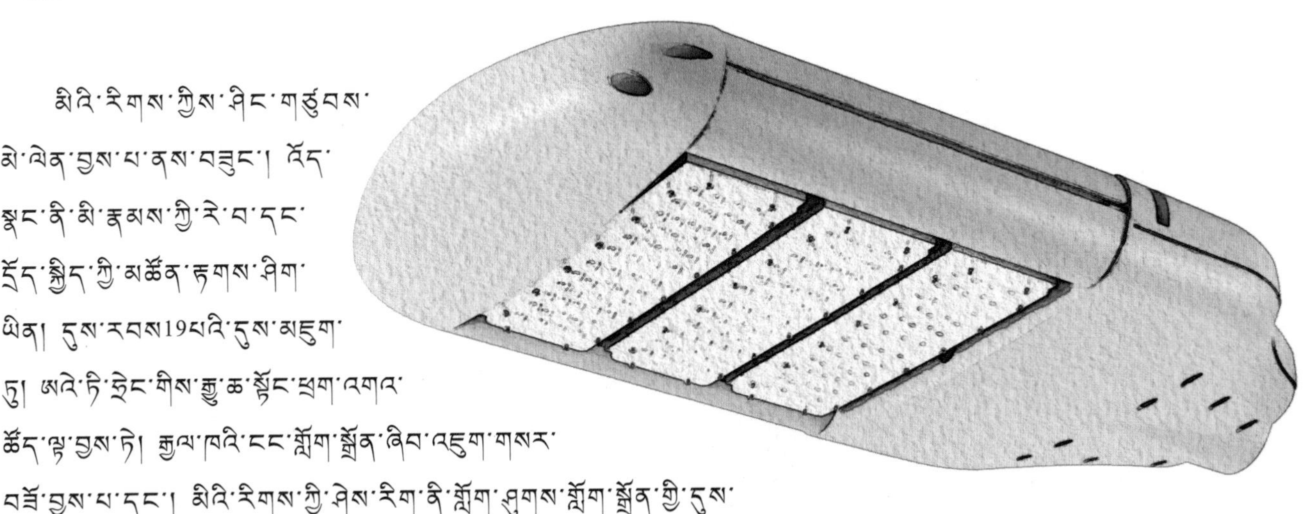

མིའི་རིགས་ཀྱིས་ཤིང་གཙུབས་མེ་ལེན་བྱས་པ་ནས་བཟུང་། འོད་སྣང་ནི་མི་རྣམས་ཀྱི་རེ་བ་དང་རྫོང་སྙིང་གི་མཚོན་རྟགས་ཤིག་ཡིན། དུས་རབས19པའི་དུས་མཇུག་ཏུ། ཨའེ་ཏི་སྲེང་གིས་རྒྱུ་ཆ་སྟོང་ཕྲག་འགའ་ཚོད་ལྟ་བྱས་ཏེ། རྒྱལ་ཁའི་ངང་གློག་སྒྲོན་ཞིབ་འཇུག་གསར་བཟོ་བྱས་པ་དང་། མིའི་རིགས་ཀྱི་ཤེས་རིག་ནི་གློག་ཤུགས་གློག་སྒྲོན་གྱི་དུས་རབས་སུ་བསྐྱོད་མགོ་བརྩམས། “འོད་དཀར་སྒྲོན་མེ”ཡང་ལོ་རྒྱུས་ཀྱི་དེབ་ཐེར་དུ་བཀོད། ཨའེ་ཏི་སྲེང་གི་བསམ་ཡུལ་ལས་འདས་པ་ཞིག་ནི་ཚན་རྩལ་འཕེལ་རྒྱས་སུ་སོང་བ་དང་བསྟུན་ནས། དུས་རབས་གཅིག་ལྷག་ཙམ་ལས་མ་སོང་བར་སྲོལ་རྒྱུན་གྱི་འོད་ཁུངས་འཆར་འགོད་བྱེད་ཐབས་དང་བསམ་ཕྱོགས་གཏོར་བའིLEDགློག་སྒྲོན་ཐོན་པ་དང་། གློག་འདྲེན་ཕྱེད་གཟུགས་ཀྱི་གློག་སྒྲོན་ནི་གློག་སྒྲོན་ལག་རྩལ་འཕེལ་རྒྱས་ཀྱི་ཁ་ཕྱོགས་གསར་བར་གྱུར་ནས། སྲོལ་རྒྱུན་གྱི་འོད་ཁུངས་ཀྱི་འཆར་འགོད་བྱེད་ཐབས་དང་བསམ་ཕྱོགས་གཏོར་ནས། ཨེཌ་སྐྱད་ལོ་རྒྱུས་ཀྱི་གར་སྟེགས་སྟེང་ནས་ཕྱིར་འཐེན་བྱས་ལ། མིའི་རིགས་ཀྱི་འཚོ་བ་སྔར་ལས་སྐྱིད་པ་དང་བདེ་ཐང་། ལྷང་མདོག སྤྲབས་བདེ་བཅས་སུ་གྱུར་ཡོད།

LEDགློག་སྒྲོན་ནི་ཅི་ཞིག་ཡིན་ནམ་ཞེ་ན། འདི་ནི་འོད་འཕྲོའི་རིམ་གཉིས་སྦྲུ་གུའི་གློག་སྒྲོན་ཡིན་ལ། གློག་འདྲེན་ཕྱེད་གཟུགས་ཀྱི་སྲ་གཟུགས་འོད་འཕྲོ་བའི་ལྷུ་ཚས་ཤིག་ཡིན། དེས་སྲ་གཟུགས་གློག་འདྲེན་ཕྱེད་གཟུགས་ཀྱི་ཉིང་སྙེབ་བེད་སྤྱད་དེ་འོད་འཕྲོའི་རྒྱུ་ཆ་བྱས་ནས། གློག་འདྲེན་ཕྱེད་གཟུགས་ཁྲོད་ཀྱི་གློག་རྡུལ་འདྲེན་བྱེད་ལ་བརྟེན་ནས་འདྲེས་སྦྱོར་བྱས་ཏེ་ནུས་ཚད་ལྷག་མ་ཕྱིར་བཏང་ནས་འོད་རྡུལ་འཕེན་གཏོང་བྱེད་དུ་བཅུག་པ་དང་། རྣང་གཞི་འདིའི་སྟེང་དུ་གཞི་གསུམ་མདོག་གི་རྩ་བའི་རིགས་པ་བེད་སྤྱད་དེ། འཚེར་འོད་ཕྱི་བསྟན་ན། ཁ་དོག་གང་འདྲ་བ་ཡང་དཀར་བ་འདྲ་མཐུན་བ་ཡི་གློག་ཐུབ། མིག་སྔར་ཀྱང་གོས་ནུས་ཚད་མཐོ་བའི་གློག་འདྲེན་ཕྱེད་གཟུགས་ཀྱི་གློག་སྒྲོན་རྒྱུ་ཆའི་གསར་བྱུང་དང་ཉིང་སྙེབ་བཟོས་ཐོབ། བསྐུམས་ཐུམ་ཐོན་ལས་ཅན་གྱི་འགག་རྩའི་ལག་རྩལ་འགག་སྒྲོལ་བྱས་པ་དང་། ཉིང་སྙེབ་རྐྱང་པའི་འོད་དཀར་དང་སྐྱེ་ལྡན་འོད་འཕྲོ་སོགས་འོད་དཀར་རྒྱུ་ཆའི་དཀྱིལ་སྙིང་གི་ལག་རྩལ་ཐོད་རྒྱལ་བྱུང་ནས། སྤྱི་པའི་ཞིབ་འཇུག་གསར་སྤེལ་ལས་སྟེགས་དང་ཞིབ་དཔྱད་ཚད་ལེན་མ་ལག་བཙུགས་ཏེ། “གྲོང་བཅུ་གློག་ཁྲིའི”གློག་འདྲེན་ཕྱེད་གཟུགས་ཀྱི་གློག་སྒྲོན་བཀོལ་སྤྱོད་དཔེ་སྟོན་བཟོ་སྐྲུན་ལ་འདེགས་སྐྱོར་བྱས་པས། ཀྲུང་གོའི་སྲ་གཟུགས་གློག་སྒྲོན་དང་ཐོན་ལས་ནི་འཛམ་གླིང་རིམ་པའི་སྐབས་རིམ་གསར་བར་སླེབས་ཤིང་། ཨ་རི་དང་འཇར་པན་རྗེས་ཀྱིLEDདཀྱིལ་སྙིང་ལག་རྩལ་གྱི་ཤེས་བྱའི་བདག་དབང་ལྡན་པ་དང་ཐོན་ལས་ཅན་གྱི་རྒྱལ་ཁབ་ཨང་གསུམ་པར་གྱུར་ཡོད།

26 高比能锂离子动力电池

བསྐྱར་ནུས་མཐོ་བའི་ལིས་ཀྱིས་རྡུལ་སྒྲིལ་ཤུགས་སྒྲོག་རྫས།

新能源汽车行业正蓬勃发展，大街上的电动汽车越来越多，成为我国战略性新兴产业的一道亮丽风景，这一切离不开锂离子电池的诞生。除了电动汽车，锂离子电池还广泛应用在手机、电脑等高科技产品上。可以说，锂离子电池彻底改变了我们的生活，它是能源领域的一场革命。

随着科技的发展，人们对锂离子电池能量密度、安全性和寿命提出了更高的要求，世界各国竞相制定高比能锂离子动力电池研发计划以抢占战略制高点。然而提高锂离子电池的比能量、安全性和寿命是一个复杂而艰巨的工程，需要我们科研工作者付出巨大的努力。我国目前已成功开发出磷酸铁锂、高镍三元正极材料和高性能碳、硅碳负极材料，研制出比能量大于每公斤300瓦时的长寿命、高安全锂离子动力电池，其循环寿命可达3000次以上，安全性满足国际要求，使我国锂离子动力电池技术和产业整体技术水平处于国际先进。高比能动力电池纯电动汽车2020年销售已超过百万辆，标志着我国新一代高比能动力电池产品率先实现装车应用，为加速推进我国新一代高比能锂离子动力电池和纯电动汽车产业化提供了重要支撑。

ནུས་ཁུངས་གསར་བའི་རླངས་འཁོར་ལས་རིགས་དབྱར་མཚོ་རྒྱས་པ་ལྟར་འཕེལ་རྒྱས་སུ་འགྲོ་བཞིན་ཡོད་ཅིང་། རྒྱ་སྲིད་དུའང་གློག་སྣུམ་རླངས་འཁོར་ཇེ་མང་དུ་འགྲོ་བཞིན་ཡོད་པས། དེ་ཉིད་ནི་རང་རྒྱལ་གྱི་འཐབ་རྩལ་རང་བཞིན་གྱི་གསར་དར་ཐོན་ལས་ཀྱི་མཛེས་སྡུག་ལྡན་པའི་མཛེས་ལྗོངས་ཤིག་ཏུ་གྱུར་ཡོད། དེར་ཐམས་ཅད་ཤེས་ཀྱིས་རྩལ་གློག་རྫས་ཐོན་པ་དང་ཁ་འཁྲིལ་ཐབས་མེད། གློག་སྣུམ་རླངས་འཁོར་ལས་གཞན། ཤེས་གྱིས་རྩལ་གློག་རྫས་ད་དུང་ལག་ཁྱེར་ཁ་པར་དང་གློག་ཀླད་སོགས་ཚན་རྩལ་མཐོན་པོའི་ཐོན་རྫས་སྟེང་དུ་རྒྱ་ཁྱབ་ངང་སྤྱོད་བཞིན་ཡོད། ཤེས་གྱིས་རྩལ་གློག་རྫས་ཀྱིས་ང་ཚོའི་འཚོ་བ་རྩ་བ་ནས་འགྱུར་ལྡོག་བྱུང་དུ་བཅུག་ཡོད་ཅེས་བཤད་ཆོག་ཅིང་། དེ་ནི་ནུས་ཁུངས་ཁྱབ་ཁོངས་ཀྱི་གསར་བརྗེ་ཞིག་ཡིན།

ཚན་རྩལ་འཕེལ་རྒྱས་བྱུང་བ་དང་བསྟུན་ནས་མི་རྣམས་ཀྱིས་ཤེས་གྱིས་རྩལ་གློག་རྫས་ཀྱི་ནུས་ཚད་སྡུག་ཚད་དང་བདེ་འཇགས་རང་བཞིན། སྤྱོད་ཡུན་བཅས་ལ་རེ་བ་སྤྲར་ལས་མཐོ་བ་བཏོན་ཡོད། འཛམ་གླིང་རྒྱལ་ཁབ་སོ་སོར་ནུས་ཆེའི་ཤེས་གྱིས་རྩལ་གྱི་སྣུམ་ཤུགས་གློག་རྫས་ཞིབ་འཇུག་གསར་སྤེལ་འཆར་གཞི་འགྲན་རྩོད་སྒོམས་གཏན་འཕེབས་བྱས་ནས་འཐབ་རྩལ་གྱི་མཐོ་གནོན་བཙན་ས་བཟུང་ཡོད་སོད། འོན་ཀྱང་ཤེས་གྱིས་རྩལ་གློག་རྫས་ཀྱི་བརྟུར་ཚད་དང་བདེ་འཇགས་རང་བཞིན། སྤྱོད་ཡུན་བཅས་ཇེ་མཐོར་གཏོང་བ་ནི་རྟོག་འཛིང་ཆེ་བ་དང་དཀའ་ཚེགས་ཆེ་བའི་བཟོ་སྐྲུན་ཞིག་ཡིན་པས། ང་ཚོའི་ཚན་རིག་ཞིབ་འཇུག་ལས་དོན་པས་ད་དུང་མུ་མཐུད་དུ་འབད་བརྩོན་ཆེན་པོ་བྱེད་དགོས། རང་རྒྱལ་གྱིས་མིག་སྔར་ཡིན་སྣུར་ལྕགས་ཤེས་དང་ཀོ་ནིག་རྒྱུ་གསུམ་གྱི་རྒྱུ་ཆ་དང་གཤིས་ནུས་མཐོ་བའི་ཐྭན། སིལ་ཐྭན་ལྗོག་སྣེ་རྒྱུ་ཆ་བཅས་གསར་སྤེལ་བྱས་པ་དང་། ནུས་ཚད་སྤྱི་རྒྱ་རེར་ཕ་ཧྲི300ལས་ཆེ་བའི་སྤྱོད་ཡུན་རིང་པོ་དང་བདེ་འཇགས་མཐོ་བའི་ཤེས་གྱིས་རྩལ་སྣུམ་ཤུགས་གློག་རྫས་ཞིབ་འཇུག་གསར་བཟོ་བྱས་ཡོད། དེའི་འཁོར་རྒྱུག་གི་སྤྱོད་ཡུན་ཐེངས3000ཡན་ལ་སླེབས་ཤིང་བདེ་འཇགས་རང་བཞིན་གྱིས་རྒྱལ་སྤྱིའི་བླང་བྱ་སྙོང་ཐུབ་པས། རང་རྒྱལ་གྱི་ཤེས་གྱིས་རྩལ་སྣུམ་གློག་རྫས་ལག་རྩལ་དང་ཐོན་ལས་སྤྱི་ཡོངས་ཀྱི་ལག་རྩལ་ཆུ་ཚད་རྒྱལ་སྤྱིའི་སྔོན་ཐོན་གྲས་སུ་སླེབས་ཡོད། ནུས་ཚད་མཐོ་བའི་སྣུམ་ཤུགས་གློག་རྫས་ཀྱི་གློག་སྣུམ་རྒྱུང་པའི་རླངས་འཁོར2020ལོར་ཕྱིར་ཚོང་བྱེད་ཚད་ཁྲི་བརྒྱ་ལས་བརྒལ་བས། རང་རྒྱལ་གྱི་ཐོན་རྫས་གསར་བའི་ནུས་ཚད་མཐོ་བའི་གློག་རྫས་སྣུམ་ཤུགས་ཀྱི་ཐོན་རྫས་ཐོག་མར་རླངས་འཁོར་སྟེང་དུ་བེད་སྤྱོད་བྱས་ཏེ། རང་རྒྱལ་གྱི་རབས་གསར་བའི་ནུས་ཚད་མཐོ་བའི་ཤེས་གྱིས་རྩལ་གྱི་སྣུམ་ཤུགས་གློག་རྫས་དང་གློག་སྣུམ་རྒྱུང་པའི་རླངས་འཁོར་ཐོན་ལས་ཅན་དུ་འགྱུར་བའམ་སྐྱེལ་འདེད་བྱེད་པར་འདེགས་སྐྱོར་གལ་ཆེན་མགོ་འདོན་བྱས་ཡོད།

27 高性能稀土永磁材料

གཤིས་ནུས་མཐོ་བའི་ཞི་ཐུའུ་ཡུང་སུད་རྒྱུ་ཆ།

随着世界各国工业化的不断发展，以及新技术和新一轮产业革命的兴起，享有“工业维生素”的稀土成为军事、冶金工业、石油化工、玻璃陶瓷，以及农业等方面广泛应用的“香饽饽”。稀土中虽然有一个“土”字，但它一点都不土，是17位身怀绝技的金属元素的总称，具有奇妙的光、电特性，独特的电子层结构等。稀土并不“稀”，2019年全球探明的稀土储备量为1.2亿吨。我国为稀土储量第一的国家，承担着全世界稀土供应的角色。

我国不仅是稀土出口国，还是全球稀土磁性材料制造中心。我国稀土永磁行业的发展始于20世纪60年代末，到21世纪发展到了第三代，已建成全球最完整、最全面的稀土产业链，其生产的永磁产品在磁性能上已经达到世界先进水平。稀土永磁材料的用途也非常广泛，不仅应用在计算机、汽车、仪器、仪表、家用电器、石油化工、医疗保健、航空航天等行业中的各种微特电机中，在核磁共振设备、电器件、磁分离设备、磁力机械、磁疗器械等需产生强间隙磁场的元器件中也有它的身影。

འཛམ་གླིང་གི་རྒྱལ་ཁབ་སོ་སོའི་བཟོ་ལས་ཅན་རྒྱུན་ཆད་མེད་པར་འཕེལ་རྒྱས་སུ་སོང་བ་དང་། དེ་བཞིན་དུ་ལག་རྩལ་གསར་བ་དང་སྐབས་གསར་བའི་ཐོན་ལས་གསར་བཏེ་གསར་དུ་དར་བ་དང་བསྟུན་ཏེ། "བཟོ་ལས་འཚོ་རྒྱུར"འབོད་པའི་ཞི་བྲུའུ་ནི་དམག་དོན་དང་ལྕགས་བཞུའི་བཟོ་ལས། རྫོ་སྣུམ་རྫས་འགྱུར་བཟོ་ལས། ཤེལ་རྫ་བཅས་དང་དེ་བཞིན་ཞིང་ལས་སོགས་ཀྱི་ཐད་ལ་རྒྱ་ཁྱབ་ཏུ་སྤྱོད་པའི"ཞིམ་པོ་པོ"ར་གྱུར་ཡོད། ཞི་བྲུའུ་ནང་དུ"བྲུའུ"ཞེས་པའི་ཡི་གེ་ཞིག་ཡོད་མོད། འོན་ཀྱང་དེ་ནི་རང་ག་བའི་བྲུའུ་ཞིག་མ་ཡིན་པར། དེ་ནི་རྒྱུ17ལྷན་དུ་འདུས་པའི་ལྕགས་རིགས་གཞི་རྒྱུ་ཡི་སྤྱི་མིང་ཡིན་ལ། ཚ་མཚར་ཆེ་བའི་འོད་དང་གློག་གི་ཁྱད་ཆོས་ལྡན་ཞིང་། ཐུན་མོང་མ་ཡིན་པའི་གློག་རྡུལ་རིམ་པའི་གྲུབ་ཚུལ་སོགས་ཡོད། ཞི་བྲུའུ་ནི"ཞི"ཞིག་མིན་པ་དང་། 2019ལོར་གོ་ལ་ཧྲིལ་པོར་རྩད་ཆོད་པའི་ཞི་བྲུའུ་གསོག་འཇོག་བྱེད་ཚད་ཏུན་དུང་ཕྱུར1.2ཟིན། རང་རྒྱལ་ནི་ཞི་བྲུའུ་གསོག་ཚད་ཨང་དང་པོའི་རྒྱལ་ཁབ་ཡིན་པས། འཛམ་གླིང་ཡོངས་ལ་ཞི་བྲུའུ་འདོན་སྤྲོད་བྱེད་པའི་འགན་ནུས་ཐོན་ཡོད།

རང་རྒྱལ་ནི་ཞི་བྲུའུ་ཕྱིར་གཏོང་རྒྱལ་ཁབ་ཡིན་པར་མ་ཟད། གོ་ལ་ཧྲིལ་པོའི་ཞི་བྲུའུ་རྫུད་གཞིས་རྒྱུ་ཆའི་བཟོ་སྐྲུན་ལྟེ་གནས་ཀྱང་ཡིན། རང་རྒྱལ་གྱི་ཞི་བྲུའུ་ཡུང་རྫུད་ལས་རིགས་ཀྱི་འཕེལ་རྒྱས་ནི་དུས་རབས20པའི་ལོ་རབས60པའི་དུས་མཇུག་ནས་མགོ་བརྩམས་པ་དང་། དུས་རབས21པར་སླེབ་དུས་རབས་གསུམ་པར་འཕེལ་རྒྱས་བྱུང་། གོ་ལ་ཧྲིལ་པོའི་ཆེས་ཆ་ཚང་བ་དང་ཆེས་ཕྱོགས་ཡོངས་ཀྱི་ཞི་བྲུའུ་ཐོན་ལས་སྒྲིལ་ཐག་བསྒྲུབ་ཡོད་པ་དང་། དེས་ཐོན་སྐྱེད་བྱས་པའི་ཡུང་རྫུད་ཐོན་རྫས་ནི་རྫུད་གཞིས་ནུས་པའི་ཐད་ཀྱི་འཛམ་གླིང་གི་སྔོན་ཐོན་ཆུ་ཚད་དུ་སླེབས་ཡོད། ཞི་བྲུའུ་ཡུང་རྫུད་རྒྱུ་ཆའི་སྤྱོད་སྒོའང་ཧ་ཅང་རྒྱ་ཆེ་སྟེ། རྩིས་འཁོར་དང་རླངས་འཁོར། དཔྱད་ཆས། ཁྱིམ་སྤྱོད་གློག་ཆས། རྫོ་སྣུམ་རྫས་འགྱུར་བཟོ་ལས། སྨན་བཅོས་བདེ་སྲུང་། མཁའ་འགྲུལ་དབྱིངས་སྐྱོད་དང་འཛིག་རྟེན་འཕྲུར་སྐྱོད་སོགས་ལས་རིགས་ཁྲོད་ཀྱི་གློག་འཕྲུལ་ཆུང་གྲུས་སྣ་ཚོགས་ཀྱི་སྙིང་དུ་བཀོལ་བར་མ་ཟད། ཉིང་རྫུད་མཉམ་འདར་སྒྲིག་ཆས་དང་། གློག་གི་ལྷུ་ཆས། རྫུད་ཀྱིས་སྒྲིག་ཆས། རྫུད་ཤུགས་འཕྲུལ་ཆས། རྫུད་བཅོས་ཡོ་བྱད་སོགས་གསེང་དབྲག་དྲག་པའི་རྫུད་རའི་ལྷུ་ལག་ཆེ་གྲས་དང་གཙོ་གྲས་ཐོན་སྐྱེད་བྱེད་དུས་ཀྱང་དེ་ཉིད་སྤྱོད་བཞིན་ཡོད་དོ། །

28 稀土冶炼分离技术

ཞི་ཐུའུ་བཙོ་སྦྱང་དབྱེ་འབྱེད་ལག་རྩལ།

在元素周期表中，稀土共有17种，包括15个镧系元素，原子序数从57到71，再加上原子序数分别为21、39的钪、钇。它们就像是一个藤上长着的17个“葫芦娃”，每一个都有它的独特性，而中国是唯一能提供全部17种稀土金属的国家。然而，我国虽有世界上最丰富的稀土资源，但因17种稀土元素的化学性质非常相似，分离和提纯非常困难，所以在很长一段时间里，稀土生产技术被国外垄断，我国的稀土被当作“土”来卖。

20世纪90年代，我国科学家打破僵局，用“串级萃取理论”彻底改变了局面，从高纯度稀土进口国变成出口国。如今，我国开发出高效清洁稀土分离工艺，解决了稀土分离流程从应用基础研究向产业化过渡过程中的关键问题。与传统分离技术相比，这一新型分离技术的特征是萃取过程不使用有机溶剂，萃取沉淀剂能够反萃及循环使用，具有无工业废水产生、低成本等优势，且安全性好。该技术的萃取——沉淀速率快，所得到的稀土沉淀富集物尺寸可增大几十倍以上，大大提高了稀土分离提纯效率，使我国在稀土采选分离技术上保持全球领先地位。

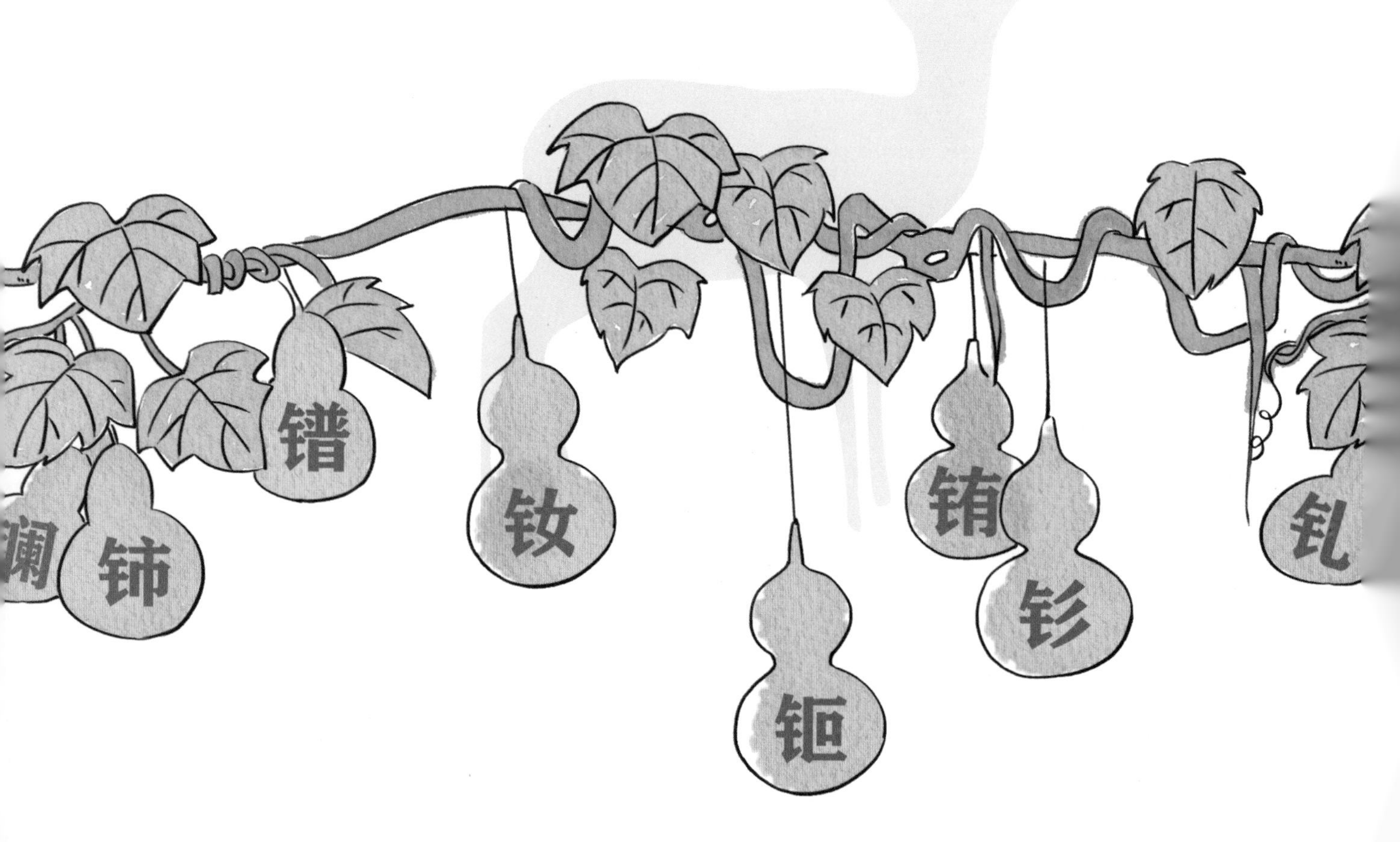

གཞི་རྒྱུའི་འཁོར་ཡུན་རེའུ་མིག་ནང་དུ། ཞི་ཐུའུ་ལ་བསྡོམས་པས་རིགས17ཡོད་དེ། དེའི་ནང་དུ་ལྷ་རྒྱུད་གཞི་རྒྱུ15དང་། མ་རྡུལ་གྱི་རིམ་གྲངས57ནས71བར་ཡོད། དེའི་ཁར་མ་རྡུལ་གྱི་རིམ་གྲངས་བྱེ་བྲག་ཏུ21དང39ཡི་ཁན་དང་ཡེ་བཅས་ཡོད། དེ་དག་ནི་སྤྱ་གཅིག་གི་སྟེང་དུ་སྐྱེས་པའི"ཧུའུ་ལུའུ་ཞ"17དང་འདྲ་བར། རེ་རེར་རང་རང་གི་ཁྱད་ཆོས་རེ་ཡོད། ཀྲུང་གོ་ནི་ཞི་ཐུའུ་ལྷགས་རིགས་སྣ17ཚང་མ་འདོན་སྤྲོད་བྱེད་ཐུབ་པའི་རྒྱལ་ཁབ་གཅིག་པུ་ཡིན། རང་རྒྱལ་ལ་འཛམ་གླིང་སྟེང་གི་ཆེས་ཕུན་སུམ་ཚོགས་པའི་ཞི་ཐུའུ་ཐོན་ཁུངས་ཡོད་མོད། འོན་ཀྱང་ཞི་ཐུའུ་གཞི་རྒྱུ་རིགས17ཀྱི་ཐེས་འགྱུར་ངོ་བོ་ཧ་ཅང་འདྲ་མཚུངས་ཡིན་པས། དབྱེ་འབྱེད་དང་གཙང་སྦྲང་བྱེད་རྒྱུར་ཧ་ཅང་དཀའ་མོ་ཡིན་པས། དུས་ཡུན་རིང་པོ་ཞིག་ལ། ཞི་ཐུའུ་ཐོན་སྐྱེད་ལག་རྩལ་ཕྱི་རྒྱལ་གྱིས་སྐྱེར་སྟེམ་བྱས་པ་དང་རང་རྒྱལ་གྱི་ཞི་ཐུའུ་ནི"ས"�་བཞིན་བཙོང་བ་ཡིན།

དུས་རབས20པའི་ལོ་རབས90པར། རང་རྒྱལ་གྱི་ཚན་རིག་པས་ཀྲོང་ཚུལ་གྱི་གནས་བབ་མེད་པར་བཟོས། "ཕྲེང་རིམ་དབྱེ་ལེན་གཞུང་ལུགས"ཀྱིས་རྣམ་པ་རྩ་བ་ནས་བསྒྱུར་ཏེ། དྭངས་གཙང་ཚད་མཐོ་བའི་ཞི་ཐུའུ་ནང་འདྲེན་རྒྱལ་ཁབ་ནས་ཕྱིར་གཏོང་རྒྱལ་ཁབ་ཏུ་བསྒྱུར་བ་ཡིན། མིག་སྔར། རང་རྒྱལ་གྱིས་ནུས་ཆེའི་ཞི་ཐུའུ་དབྱེ་འབྱེད་བཟོ་རྩལ་གསར་སྤེལ་བྱས་ནས་ཞི་ཐུའུ་དབྱེ་འབྱེད་བརྒྱུད་རིམ་ནི་བཀོལ་སྤྱོད་རྣང་གཞིའི་ཞིབ་འཇུག་ནས་ཐོན་ལས་ཅན་གྱི་བར་བརྒལ་བརྒྱུད་རིམ་ཁྲིད་ཀྱི་འགག་རྩའི་གནད་དོན་ཐག་གཅོད་བྱས་ཡོད། སྲོལ་རྒྱུན་གྱི་དབྱེ་འབྱེད་ལག་རྩལ་དང་བསྡུར་ན། དབྱེ་འབྱེད་ལག་རྩལ་གསར་པ་དེའི་ཁྱད་ཆོས་ནི་དབྱེ་ལེན་བརྒྱུད་རིམ་ནང་དུ་སྐྱེ་ལྡན་ཞུ་ཐེས་མི་སྤྱོད་པ་དང་། སྙིགས་ཐེས་དབྱེ་ལེན་དང་འཁོར་རྒྱུག་བེད་སྤྱོད་བྱེད་ཐུབ་ཅིང་། བཟོ་ལས་བཙོག་ཆུ་མི་ཐོན་པ་དང་མ་གནས་དམའ་བ་སོགས་ཀྱི་ལེགས་ཆ་ལྡན་པར་མ་ཟད། བདེ་འཇགས་རང་བཞིན་ཡང་ཤིན་ཏུ་བཟང་། ལག་རྩལ་འདིའི་དབྱེ་ལེན་དང་སྙིགས་གསོག་སྐྱུར་ཚད་མཁྱོགས་པས། ཐོབ་པའི་ཞི་ཐུའུ་སྙིགས་འདུས་དངོས་པོའི་ཆེ་ཆུང་ལྡབ་བཅུ་ཕྲག་ཁ་ཤས་ཡན་འཕར་སྨོན་བྱུང་ཞིང་། ཞི་ཐུའུ་དབྱེ་འབྱེད་ཀྱི་ལས་ཆོད་ཇེ་མཐོར་སོང་ནས། རང་རྒྱལ་གྱི་ཞི་ཐུའུ་སྔོག་འདོན་དང་གདམ་གསེས་དབྱེ་འབྱེད་ལག་རྩལ་ཐད་ནས་གོ་ལ་ཧྲིལ་པོའི་སྔོན་ཐོན་གོ་གནས་རྒྱུན་འཁྱོངས་བྱེད་ཐུབ་ཡོད།

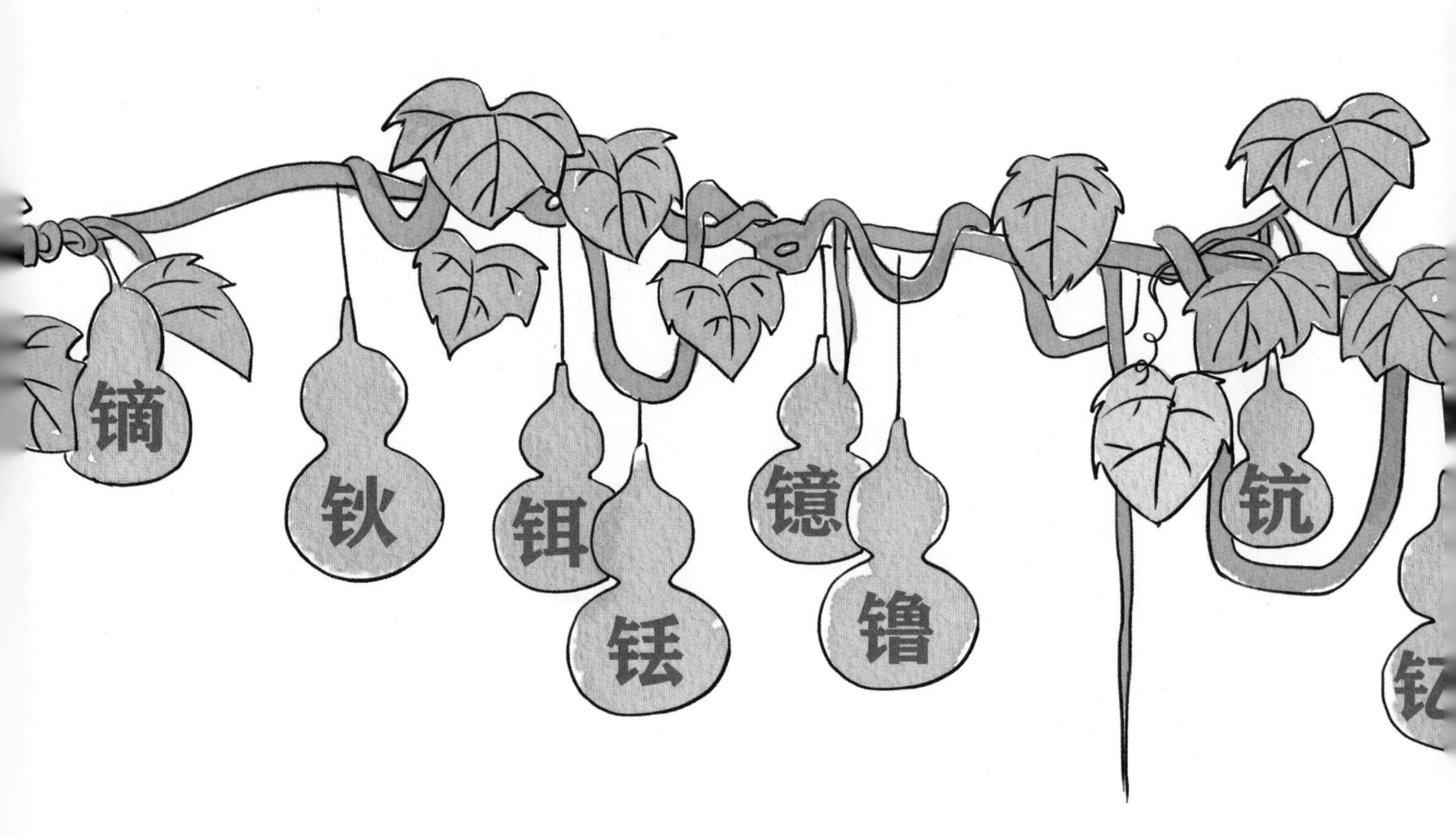

29 高性能分离膜材料
གཤིས་ནུས་མཐོ་བའི་དབྱེ་འབྱེད་སྐྱི་མོའི་རྒྱུ་ཆ།

高性能分离膜材料对大家而言是一个陌生的名字，但它的研制开发和我们的生活息息相关，它可以解决水资源安全和工业废水、废气处理问题。全球面临的水资源不足和污染严重问题不但制约了社会经济的发展，而且严重影响了人们的生活。因此，水处理与净化已经成为世界各国都十分重视的事情。水处理和净化不可或缺的材料就是分离膜。在全球布局的水处理膜材料专利申请数量中，我国紧跟美国和日本之后，位列第三。

分离膜是具有选择性透过功能的特殊的膜，膜技术与传统的过滤、精馏、萃取等分离技术相比，是一种新型高效的分离技术，具有能耗低、分离效率高、无污染等特点。高性能分离膜材料具有高分离性能、高稳定性、低成本和长寿命等特性，是新型高效分离技术的核心材料。我国已经突破高压反渗透膜、有机纳滤膜等水处理膜材料，以及陶瓷纳滤膜、高温气体除尘膜、二氧化碳分离膜、渗透汽化膜等特种分离膜和全氟离子交换膜材料关键技术，并开发出膜组件，实现了产业化应用，它们在水资源、能源、环境、传统产业改造等领域发挥着重大作用。

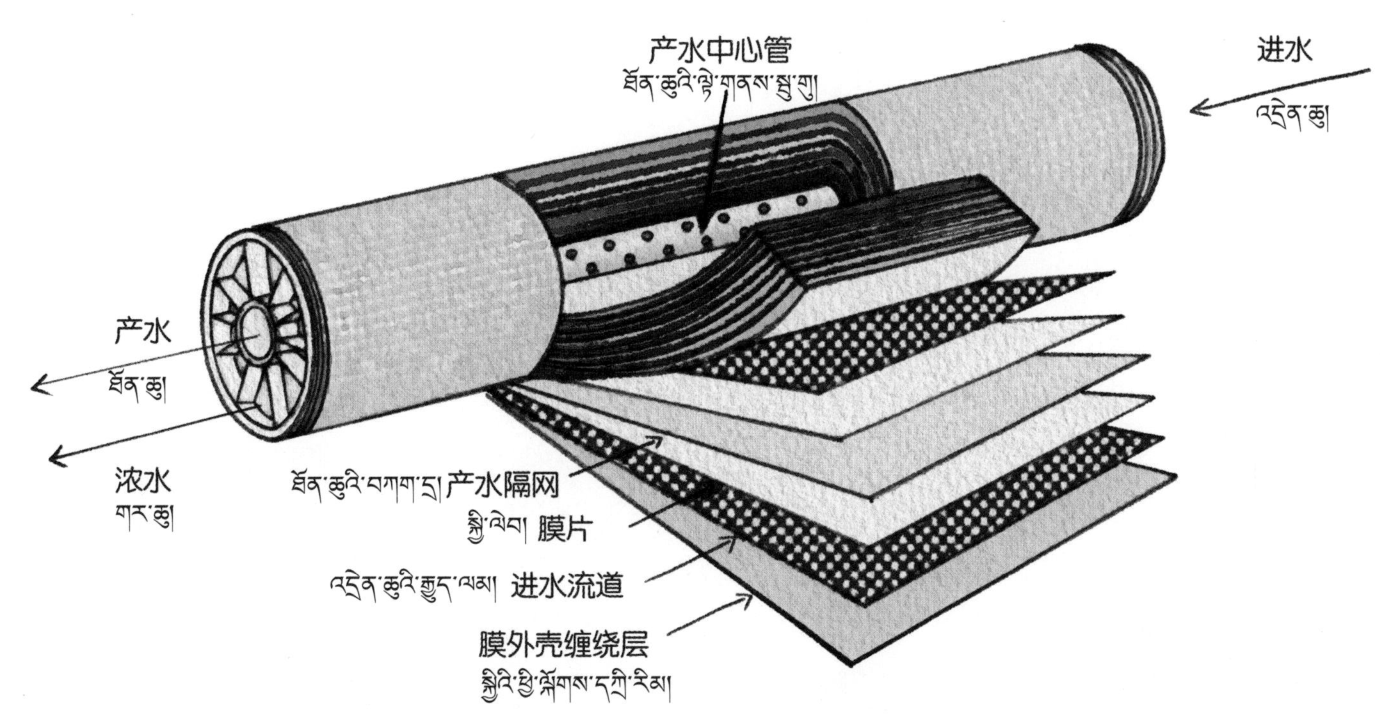

གཉིས་ནུས་མཐོ་བའི་དབྱེ་འབྱེད་སྐྱི་མོའི་རྒྱུ་ཆ་ནི་ཚང་མར་མཚོན་ན་ཆ་རྒྱུས་མེད་པའི་མིང་ཞིག་ཡིན་མོད། འོན་ཀྱང་དེའི་ཞིབ་སྤེལ་ནི་ང་ཚོའི་འཚོ་བ་དང་འབྲེལ་བ་ཟབ་མོ་ཡོད་ཅིང་། དེས་ཆུའི་ཐོན་ཁུངས་ཀྱི་བདེ་འཇགས་དང་བཟོ་ལས་ཀྱི་བཙོག་ཆུ། དབུགས་སྙིགས་ལས་སྣོན་སོགས་ཀྱི་གནད་དོན་ཐག་གཅོད་བྱས་ཡོད། འཛམ་གླིང་ཡོངས་ཀྱི་ཆུའི་ཐོན་ཁུངས་མི་འདང་བ་དང་སྦགས་བཙོག་ཚབས་ཆེ་བའི་གནད་དོན་གྱིས་སྤྱི་ཚོགས་དང་དཔལ་འབྱོར་གོང་དུ་འཕེལ་བར་ཚོད་འཛིན་ཐེབས་པར་མ་ཟད། མི་རྣམས་ཀྱི་འཚོ་བར་ཡང་ཤུགས་རྐྱེན་ཚབས་ཆེན་ཐེབས་ཡོད། དེ་བས། ཆུ་ཐག་གཅོད་དང་གཙང་བཟོ་བྱེད་པ་ནི་འཛམ་གླིང་རྒྱལ་ཁབ་སོ་སོར་ཏ་ཅང་མཐོང་ཆེན་བྱེད་པའི་བྱ་བ་ཞིག་ཏུ་གྱུར་ཡོད། ཆུ་ཐག་གཅོད་དང་གཙང་བཟོ་བྱེད་པར་མེད་དུ་མི་རུང་བའི་རྒྱུ་ཆ་ནི་དབྱེ་འབྱེད་སྐྱི་མོ་ཡིན། གོ་ལ་ཧྲིལ་པོར་བཀོད་སྒྲིག་བྱས་པའི་ཆུ་ཐག་གཅོད་བྱེད་པའི་སྐྱི་མོའི་རྒྱུ་ཆའི་ཁེ་བེད་བདག་ཐོབ་རེ་ཞུའི་གྲངས་འབོར་ནང་དུ། རང་རྒྱལ་ནི་ཨ་རི་དང་འཇར་པན་གྱི་རྗེས་སུ་འབྲངས་ནས་ཨང་གསུམ་པར་སླེབས་ཡོད།

དབྱེ་འབྱེད་སྐྱི་མོ་ནི་གདམ་གསེས་རང་བཞིན་གྱི་བརྟོལ་བའི་བྱེད་ལས་ལྡན་པའི་དམིགས་བསལ་གྱི་སྐྱི་མོ་ཞིག་ཡིན་ལ། སྐྱི་མོའི་ལག་རྩལ་ནི་སྲོལ་རྒྱུན་གྱི་འཚག་པ་དང་ཞིབ་འབྱེད། དབྱེ་ལེན་སོགས་དབྱེ་འབྱེད་ལག་རྩལ་དང་བསྡུར་ན། རྣམ་པ་གསར་པ་དང་ཕན་ནུས་ཆེ་བའི་དབྱེ་འབྱེད་ལག་རྩལ་ཞིག་ཡིན་ལ། ནུས་ཁུངས་ཟད་གྲོན་དམའ་བ་དང་དབྱེ་འབྱེད་ལས་ཚད་མཐོ་བ། སྦགས་བཙོག་མེད་པ་སོགས་ཀྱི་ཁྱད་ཆོས་ལྡན། གཉིས་ནུས་མཐོ་བའི་དབྱེ་འབྱེད་སྐྱི་མོའི་རྒྱུ་ཆར་དབྱེ་འབྱེད་ནུས་པ་མཐོ་བ་དང་བརྟན་བརླིང་རང་བཞིན་མཐོ་བ། མ་གནས་དམའ་བ། སྤྱོད་ཡུན་རིང་བ་སོགས་ཀྱི་ཁྱད་ཆོས་ལྡན་པས། དེ་ནི་ནུས་ཆེའི་དབྱེ་འབྱེད་ལག་རྩལ་གསར་བའི་རྒྱུ་ཆ་གཙོ་བོ་ཡིན། རང་རྒྱལ་གྱིས་མཐོ་གནོན་སིམ་འཇུལ་འགོག་སྐྱི་དང་སྐྱི་ལྡན་ནྭ་ཚགས་སྐྱི་མོ་སོགས་ཆུ་ཐག་གཅོད་སྐྱི་མོའི་རྒྱུ་ཆ་དང་། དེ་བཞིན་ཛ་དཀར་གྱི་འཚག་སྐྱི་དང་དྲོད་ཚད་མཐོ་བའི་དབུགས་གཟུགས་ཀྱི་རྡུལ་སེལ་སྐྱི་མོ། དབྱང་གཉིས་སྦྲན་འགྱུར་དབྱེ་འབྱེད་སྐྱི་མོ། སིམ་འཇུལ་རླངས་འགྱུར་སྐྱི་མོ་སོགས་དམིགས་བསལ་དབྱེ་འབྱེད་སྐྱི་མོ་དང་རྩལ་ཡོངས་ཀྱིས་རྡུལ་བརྗེ་རིས་སྐྱི་མོ་རྒྱུ་ཆའི་འགག་རྩའི་ལག་རྩལ་ལས་བརྒལ་ཡོད་པར་མ་ཟད། སྐྱི་མོའི་ལྷུ་ལག་གསར་སྤེལ་བྱས་ནས་ཐོན་ལས་ཅན་གྱི་བེད་སྤྱོད་མངོན་འགྱུར་བྱུང་ཡོད། དེ་དག་གིས་ཆུའི་ཐོན་ཁུངས་དང་ནུས་ཁུངས། ཁོར་ཡུག སྲོལ་རྒྱུན་ཐོན་ལས་སྒྱུར་བཀོད་སོགས་ཁྱབ་ཁོངས་སུ་ནུས་པ་གལ་ཆེན་འདོན་སྤེལ་བྱེད་བཞིན་ཡོད།

30 神光二号
ལྷ་འོད་ཡང་གཉིས་པ།

2002年4月7日，总体技术性能指标居于世界前五的中国巨型激光器——“神光二号”研制成功，标志着中国高功率激光科研和激光核聚变研究已进入世界先进行列。目前，如此精密的巨型激光器只有美国、日本等少数国家能建造。

神光二号由上百台光学设备组成，占地面积相当于一个标准足球场。当八束强激光通过空间立体排布的放大链，聚集到一个小小的燃料靶球时，在十亿分之一秒的超短瞬间内，激光器便可发射出相当于全球电网电力总和数倍的强大功率，从而释放出极端的压力和高温，并进一步引发聚变反应。在自然界，类似的物理条件只会出现在核爆炸中心、恒星内部或黑洞边缘。

神光二号在科学实验中扮演着不可替代的角色，它所释放的巨大能量将创造出罕见的极端环境，这将大力推动许多基础科学研究和高技术应用的发展。比如，核聚变是未来清洁能源的希望所在，今后也许可以利用激光聚变技术，把海水中丰富的同位素氘、氚转化为无尽的能源。

2002ལོའི་ཟླ4པའི་ཚེས7ཉིན། སྤྱིའི་ལག་རྩལ་ནུས་པའི་དམིགས་ཚད་འཛམ་གླིང་གི་མདུན་གྲལ་ཡང་ལྷུ་པར་སླེབས་པའི་གྲུང་གོའི་ལྷ་ཟེར་ཆས་ཆེ་གྲས་ཏེ"ལྷ་བོད་ཡང་གཉིས་པ"ཞིབ་འཇུག་གསར་བཟོ་ལེགས་གྲུབ་བྱུང་བས། གྲུང་གོའི་ནུས་ཚད་མཐོ་བའི་ལྷ་ཟེར་ཚན་རིག་ཞིབ་འཇུག་དང་ལྷ་ཟེར་ཉིང་རྩལ་འདུས་འགྱུར་ཞིབ་འཇུག་འཛམ་གླིང་གི་སྔོན་ཐོན་གྲས་སུ་སླེབས་པ་མངོན་པར་མཚོན་ཞིང་། མིག་སྔར་ཞིབ་ཚགས་ཆེ་བའི་ལྷ་ཟེར་ཆས་ཆེན་པོ་དེ་ལྷ་བུ་ནི་ཨ་རི་དང་འཇར་པན་སོགས་རྒྱལ་ཁབ་ཞུང་ཤས་ཀྱིས་མ་གཏོགས་བསྐྲུན་ཐུབ་ཀྱིན་མེད།

ལྷ་བོད་ཡང་གཉིས་པ་ནི་བོད་རིག་སྤྲིག་ཆས་བརྒྱ་ཕྲག་གིས་གྲུབ་པ་དང་། རྒྱ་ཁྱོན་ནི་ཚད་ལྡན་གྱི་རྐང་རྩེད་སྤོ་ལོའི་ར་བ་དང་གཅིག་མཚུངས་ཡིན། ལྷ་ཟེར་དྲག་པོ་བརྒྱད་བར་སྟོང་ལངས་གཟུགས་ཀྱི་སྒྲིག་འཛུགས་སྦྲེལ་ཐག་ཆེན་པོ་བརྒྱུད་དེ། འབར་རྫས་འབེན་གྱི་སྤོ་ལོ་ཆུང་ཏུ་ཞིག་གི་སྙིང་དུ་འདུ་སྐབས། སྐར་ཆ་དུང་ཕྱུར་བཅུའི་ཆ་གཅིག་གི་ཐོད་རྒལ་གྱི་སྐད་ཅིག་མའི་ནང་དུ། ལྷ་ཟེར་ཆས་ཀྱིས་གོ་ལ་རྡིལ་པོའི་སྒྲོག

དྲའི་སྒྲོག་ཤུགས་བསྡོམས་འཐོར་གྱི་ལྷབ་འགའ་དང་མཚུངས་པའི་རྩོལ་སྤྱོད་ཆེན་པོ་འཕེན་གཏོང་བྱེད་ཐུབ་ཅིང་། ཐལ་དྲགས་ཀྱི་གནོན་ཤུགས་དང་དྲོད་ཚད་མཐོན་པོ་ཕྱིར་གཏོང་བྱེད་ཐུབ་པར་མ་ཟད། འདུས་འགྱུར་དང་འགྱུར་འབྱུང་སྔར་ལས་ལྷག་པ་ཐོན་ཐུབ། རང་བྱུང་ཁམས་ནས་དེ་དང་འདྲ་བའི་དངོས་ལུགས་ཆ་རྐྱེན་ནི་ཉིང་འབར་གས་ལྡེ་གནས་དང་བརྟན་སྐར་ནང་ཁུལ་ལམ་བརྟན་སྐར་ནག་པོའི་མཐའ་རུ་མ་གཏོགས་འབྱུང་མི་སྲིད།

ལྷ་བོད་ཡང་གཉིས་པས་ཚན་རིག་ཚོད་ལྟའི་ཁྲོད་དུ་ཚབ་བྱེད་ཐབས་བྲལ་བའི་གོ་གནས་ཟིན་ཡོད་པ་དང་། དེས་བཏོན་པའི་ནུས་ཚད་ཆེན་པོས་མཐོང་དཀོན་པའི་ཁོར་ཡུག་ཅིག་བསྐྲུན་ཐུབ་པས། རྨང་གཞིའི་ཚན་རིག་ཞིབ་འཇུག་དང་ལག་རྩལ་མཐོ་བའི་བཀོལ་སྤྱོད་མང་པོ་འཕེལ་རྒྱས་སུ་འགྲོ་བར་སྐུལ་འདེད་ཤུགས་ཆེན་བྱེད་ཐུབ་སྟེ། དཔེར་ན། ཉིང་འདུས་འགྱུར་ནི་མ་འོངས་པའི་ནུས་ཁུངས་གཙང་མའི་རེ་འདུན་བཙལ་ས་ཡིན་ལ། མ་འོངས་པར་ལྷ་ཟེར་འདུས་འགྱུར་ལག་རྩལ་བེད་སྤྱད་དེ། མཚོ་ཆུའི་ནང་གི་ཕྲུན་སྲུམ་ཚོགས་པའི་གནས་མཐུན་རྒྱུ་དེའུ་དང་ཐྲི་སོགས་རྫོགས་མཐའ་བྲལ་བའི་ནུས་ཁུངས་སུ་བསྒྱུར་ཆོག་གོ །

31 极地科考机器人

ཀྱིང་སྣེའི་ཚན་རིག་རྟོག་ཞིབ་འཕྲུལ་མི།

2021年，在中国第十二次北极科学考察队的考察中，一个外观酷似大黄鱼的“探索4500”自主水下机器人表现极为出色，成功下潜获取了宝贵数据资料，完成北极高纬度海冰覆盖区的科学考察作业。它没有缆线与母船连接，自主能力更强，不需要人工干预就能够实现自主航行和执行检测。

由于独特的自然条件和地理位置，北极在全球变化的研究中占有举足轻重的地位。随着我国对北极科考的持续深入，传统的海冰考察方法因为效率低、获得数据有限，并具有很大的局限性等弊端，被我国研制的“探索4500”取代，这也是我国首次利用自主水下机器人在北极高纬度地区开展近海底科考应用。它不受海冰的影响，可以到达一些人无法到达的区域，而且考察范围更大、深度更深、时间更长，还具有取样灵活准确、采集样品质量高、样品数量多的特点，它一亮相，便成了极地科考的“小网红”。

2021ལོར། ཀྲུང་གོའི་ཐེངས་བཅུ་གཉིས་པའི་བྱང་སྣེའི་ཚན་རིག་རྟོག་ཞིབ་རུ་ཁག་གི་རྟོག་ཞིབ་ཁྲོད་དུ། ཕྱི་རྣམ་ཏ་ཙང་ཆེ་བའི་ཉ་སེར་པོ་ཞིག་དང་འདྲ་བའི"འཚོལ་ཞིབ4500"རང་བདག་ཆུ་འོག་འཕྲུལ་མིའི་མདོན་ཚུལ་ཏ་ཙང་ལེགས་པ་དང་། རྒྱལ་ཁབའི་ངང་མཚོ་གཉིང་དུ་འཛུལ་ནས་ཐོབ་པའི་རྩ་ཆེའི་གྲངས་གཞིའི་དཔྱད་གཞི་ཡིས་བྱང་སྣེའི་འཁྱེད་ཐིག་མཐོ་བའི་མཚོ་འཁྱགས་ཁྱབ་ཁུལ་གྱི་ཚན་རིག་རྟོག་ཞིབ་ལས་དོན་ལེགས་གྲུབ་བྱུང་ཞིང་། དེར་འདྲིན་སྐུད་དང་མ་གྲུ་སྦྲེལ་མཐུད་མེད་པ་དང་། རང་བདག་ནུས་པ་སྟར་ལས་ཆེ་བས། མིས་ཐེ་གཏོགས་བྱེད་མི་དགོས་པར་རང་བདག་གིས་མཚོ་འགྲུལ་དང་ཞིབ་དཔྱད་ཚད་ལེན་བྱེད་ཐུབ།

ཐུན་མོང་མ་ཡིན་པའི་རང་བྱུང་ཆ་རྐྱེན་དང་ས་ཁམས་གནས་བབ་ཀྱི་དབང་གིས། གོ་ལ་ཧྲིལ་པོའི་འགྱུར་ལྡོག་ཞིབ་འཇུག་ཁྲོད་དུ་བྱང་སྣེས་གནས་བབ་གལ་ཆེན་བཟུང་ཡོད་དེ། རང་རྒྱལ་གྱིས་བྱང་སྣེའི་ཚན་རིག་རྟོག་ཞིབ་རྒྱུན་མཐུད་གཏིང་ཟབ་ཏུ་ཕྱིན་པ་དང་བསྟུན་ནས། སྔོལ་རྒྱུན་གྱི་མཚོ་ཐོག་རྟོག་ཞིབ་བྱེད་ཐབས་ནི་ལས་སྒྲུབ་དམའ་བ་དང་གྲངས་གཞི་ལ་ཚད་ཡོད་པའི་རྐྱེན་གྱིས་ཚོད་བཀག་རང་བཞིན་ཆེན་པོ་ལྡན་པ་སོགས་ཀྱི་སྐྱོན་ཆ་ཆེན་པོ་ལྡན་ཡང་། གནད་དོན་དེ་དག་ནི་རང་རྒྱལ་གྱིས་ཞིབ་བཟོ་བྱས་པའི"འཚོལ་ཞིབ4500"ཡི་ཐག་གཅོད་ལེགས་བཅོས་བྱས་ཡོད་པས། རང་རྒྱལ་གྱིས་རང་བདག་ཆུ་འོག་འཕྲུལ་མི་སྤྱད་དེ་བྱང་སྣེའི་འཁྱེད་ཐིག་མཐོ་བའི་ས་ཁུལ་གྱི་མཚོའི་གཉིང་དུ་ཚན་རིག་རྟོག་ཞིབ་བྱེད་ཐེངས་དང་པོ་ཡིན། དེ་ནི་མཚོ་འཁྱགས་ཀྱི་ཤུགས་རྐྱེན་མི་ཐེབས་པར་མི་འགའ་ཞིག་སླེབས་ཐབས་བྲལ་བའི་ས་ཁོངས་སུ་སླེབས་ཐུབ་པར་མ་ཟད། རྟོག་ཞིབ་ཁྱབ་ཁོངས་སྟར་ལས་ཆེ་བ་དང་སྟར་ལས་གཏིང་ཟབ་ཅིང་། དུས་ཚོད་སྟར་ལས་རིང་བའི་ཁར། ད་དུང་དཔེ་ལེན་སྟབས་བསྟུན་གནད་ལ་འཁེལ་བ་དང་དངོས་དཔེ་འཚོལ་སྡུད་བྱེད་པའི་ཐུབ་ཚད་མཐོ་བ། དངོས་དཔེ་གྲངས་འབོར་མང་བ་བཅས་ཀྱི་ཁྱད་ཆོས་ལྡན་པས། དེ་ཉིད་དངོས་སུ་ཐོན་མ་ཐག གླིང་སྣེའི་ཚན་རིག་རྟོག་ཞིབ་ཀྱི"དྲ་གྲགས་ཆུང་དུར"གྱུར་ཡོད།

32 集装箱自动化码头装备

རྫོས་སྒམ་དང་འཁྲུལ་ཅན་གྱི་གྲུ་ཁའི་སྒྲིག་ཆས།

2017年，上海港洋山深水港区四期投入运行，为上海港加速跻身世界航运中心前列注入了全新的动力。这是世界第一座海岛型深水集装箱港区，是全球单体最大的全自动码头，也是全球综合自动化程度最高的码头。这座码头也被称作“魔鬼码头”。相对于传统的集装箱码头，最大的特点是我国自主研发、用上“中国芯”的码头智能生产管理控制系统和智能控制系统，组成了码头的“大脑”与“神经”，减少人工70%，实现了码头24小时不间断运行，却远超人工码头的作业效率。码头开港后，上海港的年吞吐量突破4000万箱，这个数字是美国所有港口加起来的吞吐总量，也是目前全球港口年吞吐量的十分之一。

可喜的是，我国已全面掌握了自动化码头设计建造、装备制造、系统集成和运营管理全链条的关键技术，目前已建成10座自动化集装箱码头，并有7座自动化集装箱码头在建，已建和在建规模均居世界首位，实现了从“跟跑、并跑到领跑”的转变。

2017ལོར། རྒྱང་དའི་གྲུ་ཁའི་མཚོ་གཏིང་གྲུ་ཁའི་སྐབས་བཞི་པའི་འཁོར་སྐྱོད་བྱེད་མགོ་ཚུགས་ཏེ། རྒྱང་དའི་གྲུ་ཁ་འཛམ་གླིང་མཚོ་ཐོག་སྐྱེལ་འདྲེན་ལྟེ་གནས་ཀྱི་མདུན་གྲལ་དུ་མགྱོགས་མྱུར་སླེབས་པར་སྟེལ་ཤུགས་གསར་པ་ཞིག་བསྣན་ཡོད། དེ་ནི་འཛམ་གླིང་སྟེང་གི་མཚོ་གླིང་རྣམ་པའི་ཆུ་གཏིང་ཟབ་མོའི་དོས་སྐམ་གྲུ་ཁའི་ཁུལ་དང་པོ་ཡིན་པ་དང་། གོ་ལ་ཧྲིལ་པོའི་རྒྱང་གཟུགས་རང་འགུལ་གྱི་གྲུ་ཁ་ཆེ་ཤོས་དང་། གོ་ལ་ཧྲིལ་པོའི་ཕྱོགས་བསྡུས་རང་འགུལ་ཅན་གྱི་ཚད་གཞི་མཐོ་ཤོས་ཀྱི་གྲུ་ཁ་ཞིག་ཀྱང་ཡིན། གྲུ་ཁ་འདི་ལ“གདོན་འདྲེའི་གྲུ་ཁ”ཞེས་ཀྱང་འབོད་སྲོལ་ཡོད། སྲོལ་རྒྱུན་གྱི་དོས་སྐམ་གྲུ་ཁ་དང་བསྡུར་ན། ཁྱད་ཆོས་ཆེ་ཤོས་ནི་རང་རྒྱལ་གྱིས་རང་བདག་ཞིབ་བཟོ་དང་སྤྱོད་བཞིན་པའི“ཀྲུང་གོའི་ཉིང”གྲུ་ཁའི་རིག་ནུས་ཐོན་སྐྱེད་དོ་དམ་ཚོད་འཛིན་མ་ལག་དང་རིག་ནུས་ཚོད་འཛིན་མ་ལག་ལས་གྲུ་ཁའི་ཀླད་ཆེན་དང“དབང་རྩ”གྲུབ་ཅིང་། མི་ཤུགས་70%ཇི་ཉུང་དུ་ཕྱིན་པ་དང་གྲུ་ཁ་ཆུ་ཚོད24རིང་ལ་རྒྱུན་ཆད་མེད་པར་འཁོར་སྐྱོད་བྱེད་པ་མངོན་འགྱུར་བྱུང་ཞིང་། གྲུ་ཁའི་ལས་སྒྲུབ་ལས་ཕྱོད་ནི་མིས་ཐབས་ལ་བརྟེན་པ་ལས་བརྒལ་ཡོད། གྲུ་ཁ་བཙུགས་རྗེས་རྒྱང་དའི་གྲུ་ཁའི་ལོའི་འདོན་འཇུག་བྱེད་ཚད་སྐམ་ཁྲི4000ལས་བརྒལ་བ་དང་། གྲངས་ཀ་འདི་ནི་ཨ་རིའི་གྲུ་ཁ་ཚང་མ་བསྣན་པའི་འདོན་འཇུག་གི་བསྡོམས་འབོར་ཡིན་ལ། མིག་སྔར་གོ་ལ་ཧྲིལ་པོའི་གྲུ་ཁའི་ལོ་རེའི་འདོན་འཇུག་བྱེད་ཚད་ཀྱི་བཅུ་ཆའི་གཅིག་ཀྱང་ཟིན།

དགའ་འོས་པ་ཞིག་ལ། རང་རྒྱལ་གྱིས་རང་འགུལ་ཅན་གྱི་གྲུ་ཁའི་འཆར་འགོད་བཟོ་སྐྲུན་དང་སྒྲིག་ཆས་བཟོ་སྐྲུན། མ་ལག་བསྡུས་གྲུབ། འཁོར་གཉེར་དོ་དམ་བཅས་ཀྱི་སྦྲེལ་ཐག་ཧྲིལ་པོའི་འགག་རྩའི་ལག་རྩལ་ཕྱོགས་ཡོངས་ནས་ཁོང་དུ་ཆུད་པ་དང་། མིག་སྔར་རང་འགུལ་ཅན་གྱི་དོས་སྐམ་གྲུ་ཁ10བསྐྲུན་པར་མ་ཟད། རང་འགུལ་ཅན་གྱི་དོས་སྐམ་གྲུ་ཁ7སྐྲུན་བཞིན་ཡོད་པ་དང་། སྐྲུན་བཞིན་པའི་གཞི་ཁྱོན་ཚང་མ་འཛམ་གླིང་གི་ཨང་དང་པོར་སླེབས་པས། “ཐོག་མའི་རྗེས་འདེད་ནས་བར་གྱི་མཉམ་རྒྱུག མཐའ་མར་རྒྱུག་འཁྲིད”བྱེད་པའི་གནས་བབ་ལེགས་པོར་མངོན་འགྱུར་བྱུང་ཡོད་དོ། །

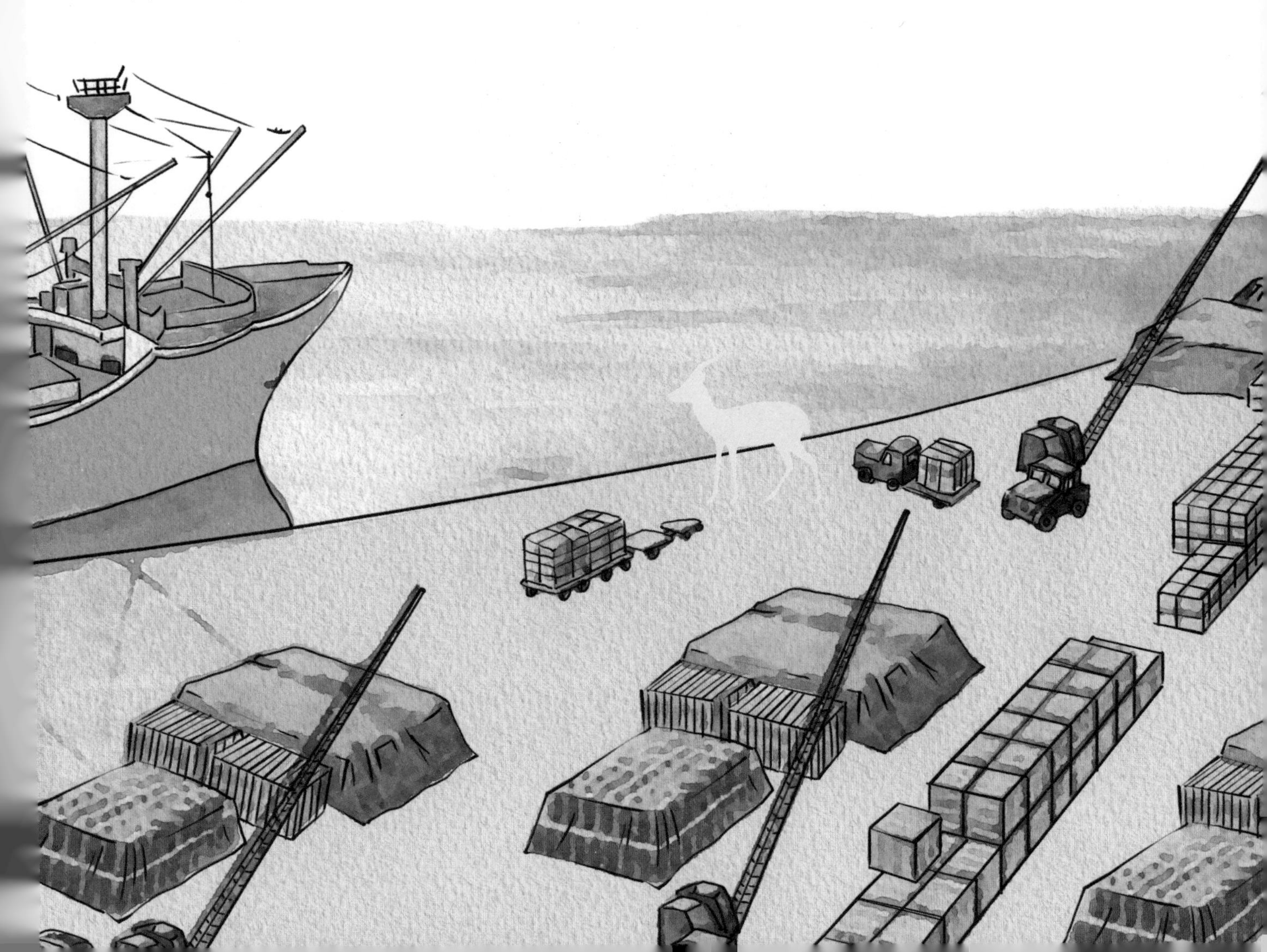

33 巨型重载锻造装备
ལྗིད་ཐེག་རྡུང་བརྫོ་སྒྲིག་ཆས་ཆེ་གྲས།

大型锻造操作机技术长期处于被国外垄断的状态。2012年，我国围绕具有先进控制技术的锻造操作机开展的技术攻关，取得重大科技成果：突破了巨型操作机构型、结构设计、系统设计、安全作业控制、复杂零件制造和装配工艺等关键技术，发明了基于六维——解耦机构的大型锻造操作机，成功研制出我国首台自主设计的400吨米巨型操作机，开创了国内独立研制、自主集成大型锻造操作机设备的先例，使整机构型和液压控制技术处于国际领先水平，填补了我国在大型锻造操作机技术设备领域的空白。

巨型重载锻造操作装备是大幅度提高自由锻造压机锻造质量和效率的基础性高端装备，也是典型的多自由度串并混联复杂机器人系统。万吨级巨型自由锻造压机与大型重载锻造操作设备联合，可为核电、火电、化工、造船、航空航天、国防等领域重点工程提供急需的高端大锻件，极大地提高大锻件制造质量，降低制造成本，缩短生产周期，对提升我国大型锻压装备制造水平具有重要意义。

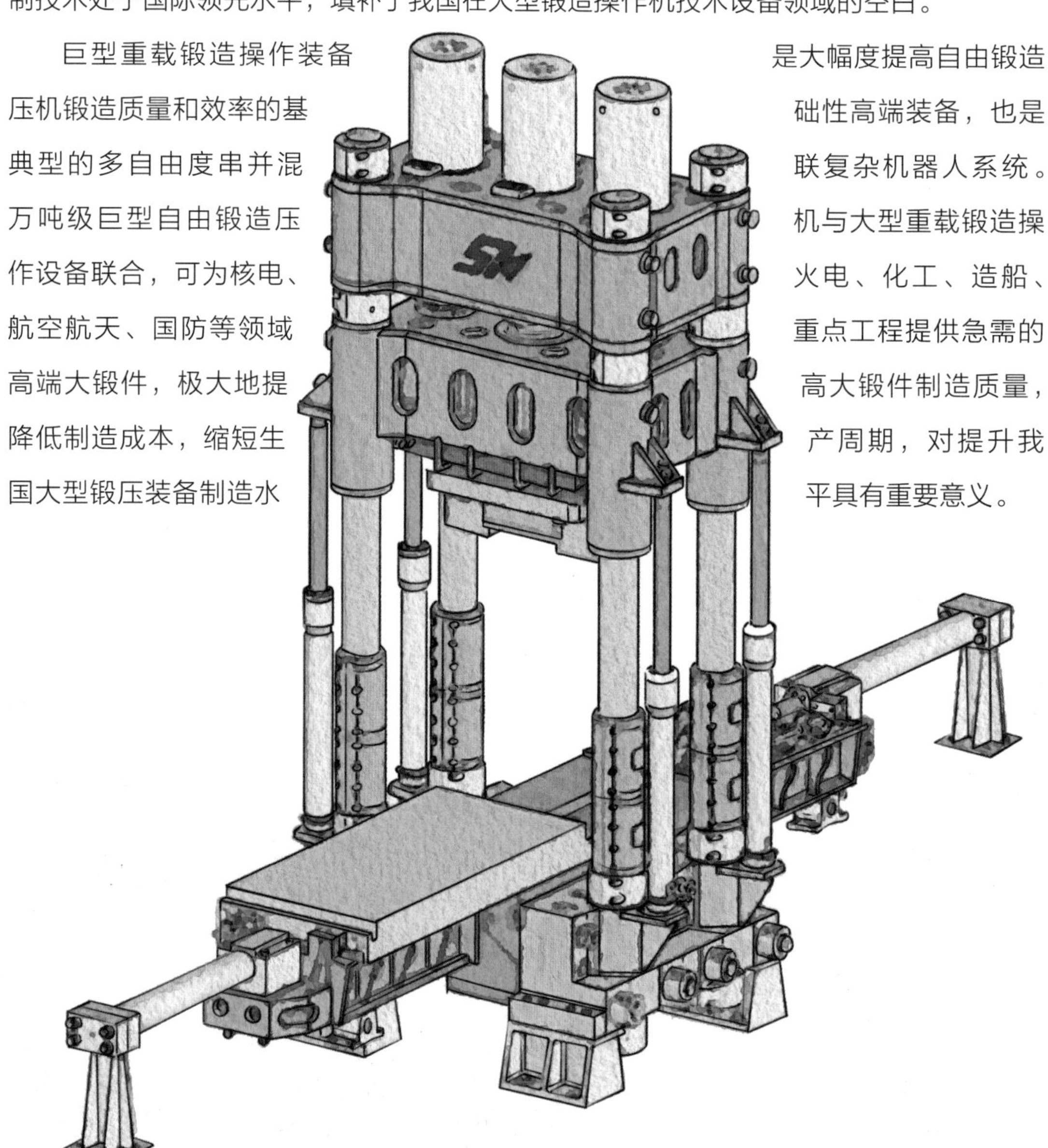

རྡུང་བཟོ་བཀོལ་སྤྱོད་འཕྲུལ་འཁོར་ཆེ་ཁག་གི་ལག་རྩལ་དེ་ཉིད་དུས་ཡུན་རིང་པོར་ཕྱི་རྒྱལ་གྱིས་སྙེར་སྡེམ་བྱེད་པའི་རྣམ་པར་གནས་ཡོད་ཅིང་། 2012ལོར། རང་རྒྱལ་གྱིས་སྔོན་ཐོན་གྱི་ཚོད་འཛིན་ལག་རྩལ་ལྡན་པའི་རྡུང་བཟོ་བཀོལ་སྤྱོད་འཕྲུལ་འཁོར་ལ་དམིགས་ནས་ལག་རྩལ་འགག་སྒྲོལ་བྱས་པར་ཚན་རྩལ་གྱི་གྲུབ་འབྲས་གལ་ཆེན་ཐོབ་སྟེ། བཀོལ་སྤྱོད་འཕྲུལ་འཁོར་གྱི་གྲུབ་ཚུལ་དང་གྲུབ་ཆའི་འཆར་འགོད། མ་ལག་འཆར་འགོད། བདེ་འཇགས་ལས་སྒྲུབ་ཚོད་འཛིན། རྩོག་འཛིང་ཆེ་བའི་ལྕུ་ལག་བཟོ་སྐྲུན་དང་སྒྲིག་སྦྱོར་བཟོ་རྩལ་སོགས་འགག་རྩའི་ལག་རྩལ་ཐོད་རྒལ་བྱུང་ནས། གཞི་རྩ་ལྟེ་དྲུག་སྟེ་ཟུང་འབྲེད་སྒྲིག་གཞིའི་རྡུང་བཟོའི་བཀོལ་སྤྱོད་འཕྲུལ་འཁོར་ཆེ་ཁག་གསར་གཏོད་བྱས་ནས། རང་རྒྱལ་གྱི་རང་བདག་འཆར་འགོད་བྱས་པའི་ཏུན400ཟིན་པའི་བཀོལ་སྤྱོད་འཕྲུལ་འཁོར་ཆེ་ཁག་ཐོག་མ་བདེ་བླག་ངང་ཞིབ་བཟོ་བྱས་པ་དང་། རྒྱལ་ནང་གི་རང་ཚུགས་ཞིབ་བཟོ་དང་རང་བདག་བསྡུས་གྲུབ་ཀྱི་སྒྲིག་སྦྱོར་འཕྲུལ་འཁོར་སྒྲིག་ཆས་ཆེ་ཁག་གི་སྔོན་དཔེ་བཏོད་པས། སྒྲིག་གཞི་རྫིལ་པོ་ཅན་དང་གཤེར་གནོན་ཚོད་འཛིན་ལག་རྩལ་རྒྱལ་སྤྱིའི་སྔོན་ཐོན་ཚད་ཚད་དུ་སླེབས་པ་དང་། རང་རྒྱལ་གྱི་རྡུང་བཟོ་བཀོལ་སྤྱོད་འཕྲུལ་འཁོར་ཆེ་ཁག་གི་ལག་རྩལ་སྒྲིག་ཆས་ཁྱབ་ཁོངས་ཀྱི་སྟོང་ཆ་བསྐངས།

གླིད་ཐེག་རྡུང་བཟོ་སྒྲིག་ཆས་ཆེ་ཁག་ནི་རང་སོས་རྡུང་བཟོ་འཕྲུལ་འཁོར་གྱི་རྡུང་བཟོའི་ སྟུས་ཚད་དང་ལས་ཕྱོད་ཇེ་མཐོར་གཏོང་བའི་རྨང་གཞིའི་རང་བཞིན་གྱི་མཐོ་རིམ་སྒྲིག་ཆས་ཤིག་ཡིན་ལ། དཔེ་མཚོན་རང་བཞིན་གྱི་རང་སོས་ཆེ་བའི་ཕྱིང་སྤྱིལ་སྣ་མང་འཕྲུལ་མིའི་མ་ལག་ཅིག་ཀྱང་ཡིན། ཏུན་ཁྲི་རིམ་པའི་རང་སོས་རྡུང་བཟོ་གནོན་འཁོར་ཆེ་ཁག་དང་གླིད་ཐེག་རྡུང་བཟོ་བཀོལ་སྤྱོད་སྒྲིག་ཆས་ཆེན་པོ་མཉམ་འབྲེལ་བྱས་ན། ཉིང་རྡུལ་གློག་དང་མེ་ཤུགས་གློག་འདོན། རྫས་འགྱུར་བཟོ་ལས། གྲུ་གཟིངས་བཟོ་བ། མཁའ་འགྲུལ་མཁའ་སྐྱོད། རྒྱལ་སྲུང་སོགས་ཁྱབ་ཁོངས་ཀྱི་གཙོ་གནད་བཟོ་སྐྲུན་ལ་དགོས་མཁོ་ཆེ་བའི་རྡུང་བཟོ་ཡོ་ཆས་ཆེན་པོ་མཁོ་འདོན་བྱེད་ཐུབ་པ་དང་། རྡུང་བཟོ་ཡོ་ཆས་ཆེན་པོའི་ལྕུ་ལག་བཟོ་སྐྲུན་གྱི་སྟུས་ཚད་ཇེ་མཐོར་ཆེས་ཆེར་བཏང་ནས། བཟོ་སྐྲུན་གྱི་མ་གནས་ཇེ་དམའ་དང་ཐོན་སྐྱེད་ཀྱི་དུས་འཁོར་ཇེ་ཐུང་དུ་བཏང་བས། རང་རྒྱལ་གྱི་རྡུང་གནོན་སྒྲིག་ཆས་ཆེ་ཁག་བཟོ་སྐྲུན་ཚད་ཚད་ཇེ་མཐོར་གཏོང་བར་དོན་སྙིང་གལ་ཆེན་ལྡན་ནོ། །

34 新型有机OLED显示技术
ལུགས་གསར་གྱི་སྐྱེ་ལྡན་OLEDམངོན་འཆར་ལག་རྩལ།

说到平板显示技术，就会想到智能手机、平板电视、平板电脑等我们日常使用的电子消费品。随着科技的快速发展，电子消费品的更新换代也愈演愈烈，以传统的TFT-LCD为主的平板显示已进入成熟阶段，全球的新型显示面板技术研发开始在AMOLED、柔性OLED等新一代显示技术上加大布局。

AMOLED为何物呢？它是一个有机发光材料制作的二极管，具有轻薄、主动发光、可弯曲、色彩炫丽、对比度高、响应速度快等优点，目前已被大量应用于高端手机屏。它的出现彻底颠覆了整个显示行业。不仅让消费者对智能手机、可穿戴设备、VR等产品有了全新的认识，也让未来的显示方式发生了革命性的改变。

我国作为全球最大的电子消费产品制造国，智能手机、平板电视、平板电脑的产量位居全球首位。由于对平板显示屏市场需求巨大，目前我国已成为全球第一大面板生产基地。我国在中大尺寸、柔性AMOLED面板生产线上逐步量产，并成功实现国产化，有效打破了目前韩国三星公司的垄断格局。

ངོས་ལེབ་མདོན་འཆར་ལག་རྩལ་སྐོར་གླེང་སྐབས། རིག་ནུས་ལག་ཁྱེར་ཁ་པར་དང་ངོས་ལེབ་བརྙན་འཕྲིན། ངོས་ལེབ་གློག་ཀླད་སོགས་ང་ཚོའི་དུས་རྒྱུན་སྤྱོད་བཞིན་པའི་གློག་རྡུལ་འཛད་སྤྱོད་དངོས་ཟོག་ཡིད་ལ་འཆར་བ་ཡིན། ཚན་རྩལ་འཕེལ་རྒྱས་ཇེ་མགྱོགས་སུ་སོང་བ་དང་བསྟུན་ནས། གློག་རྡུལ་འཛད་སྤྱོད་དངོས་ཟོག་གསར་སྒྱུར་རབས་བརྗེ་བྱེད་ཚད་ཀྱང་ཇེ་མགྱོགས་སུ་འགྲོ་བཞིན་ཡོད་ཅིང་། སྲོལ་རྒྱུན་གྱིTFT–LCDགཙོར་བྱས་པའི་ངོས་ལེབ་མདོན་འཆར་ནི་གནད་སྨིན་འཕྲུས་ཚང་གི་དུས་མཚམས་སུ་སླེབས་ཏེ། གོ་ལ་ཧྲིལ་པོའི་ངོས་ལེབ་མདོན་འཆར་ལག་རྩལ་གསར་བ་ཞིག་འཛུག་གསར་སྤེལ་བྱེད་པརAMOLEDདང་མཉེན་གཤིསOLEDསོགས་མདོན་འཆར་ལག་རྩལ་རབས་གསར་བའི་སྟེང་དུ་བཀོད་སྒྲིག་བྱེད་ཤུགས་ཇེ་ཆེར་གཏོང་མགོ་ཚུགས་ཡོད།

AMOLEDནི་ཅི་ཞིག་ཡིན་ནམ་ཞེ་ན། འདི་ནི་སྐྱེ་ལྡན་འོད་འཕྲོ་རྒྱུ་ཆའི་བཟོས་པའི་སྡེ་གཉིས་སྦུ་གུ་ཞིག་ཡིན་ཞིང་། དེར་ཡང་ཞིང་སྣབ་ལ་རང་འགྱུལ་གྱིས་འོད་འཕྲོ་བ་དང་། གུག་འཁྱོག་བྱེད་ཐུབ་པ། ཚོན་མདོག་ངོམ་པ། བསྡུར་ཚད་མཐོ་བ། དང་ལེན་མྱུར་ཚད་མགྱོགས་པ་སོགས་ཀྱི་ལེགས་ཆ་ལྡན་པས། མིག་སྔར་ལག་ཁྱེར་ཁ་པར་གྱི་བརྙན་ཤེལ་རྩེ་གྲས་སུ་འབོར་ཆེན་གྱིས་སྤྱོད་བཞིན་ཡོད། དེ་ཉིད་བྱུང་བས་མདོན་འཆར་ལས་རིགས་ཧྲིལ་པོ་རྩ་བ་ནས་མགོ་རྙིང་སློག་པ་དང་། འཛད་སྤྱོད་པས་རིག་ནུས་ལག་ཁྱེར་ཁ་པར་དང་གྱོན་ཆོག་པའི་སྒྲིག་ཆས། VRསོགས་ཐོན་ཟོག་ལ་ངོས་འཛིན་གསར་བ་བྱུང་བར་མ་ཟད། འབྱུང་འགྱུར་གྱི་འཆར་སྣང་ལ་གསར་བརྗེའི་རང་བཞིན་གྱི་འགྱུར་ལྡོག་བྱུང་ཡོད།

རང་རྒྱལ་ནི་གོ་ལ་ཧྲིལ་པོའི་གློག་རྡུལ་འཛད་སྤྱོད་ཐོན་ཟོག་བཟོ་སྐྲུན་རྒྱལ་ཁབ་ཆེ་ཤོས་ཡིན་པའི་ངོས་ནས། རིག་ནུས་ལག་ཁྱེར་ཁ་པར་དང་ངོས་ལེབ་བརྙན་འཕྲིན། ངོས་ལེབ་གློག་ཀླད་བཅས་ཀྱི་ཐོན་འབོར་གོ་ལ་ཧྲིལ་པོའི་ཨང་དང་པོར་སླེབས་ཡོད། ངོས་ལེབ་བརྙན་ཤེལ་གྱི་ཚོང་རའི་དགོས་མཁོ་ཧ་ཅང་ཆེ་བས། མིག་སྔར་རང་རྒྱལ་ནི་གོ་ལ་ཧྲིལ་པོའི་ངོས་ལེབ་ཐོན་སྐྱེད་གནས་གཞི་ཆེ་ཤོས་ཨང་དང་པོར་གྱུར་ཡོད། རང་རྒྱལ་གྱིས་ཚད་གཞི་ཆེ་འབྲིང་དང་མཉེན་གཤིསAMOLEDངོས་ལེབ་ཐོན་སྐྱེད་ཀྱི་སྒྲུབ་རིམ་སྟེང་དུ་རིམ་བཞིན་ཐོན་འཕར་བྱུང་བར་མ་ཟད། རང་རྒྱལ་གྱིས་རང་ངོས་ནས་ཐོན་སྐྱེད་བྱེད་ཐུབ་པ་བྱུང་སྟེ། མིག་སྔའི་ཏན་གོའི་སན་ཞིན་ཀུང་སིའི་སྐེར་སྡེམ་རྣམ་པ་ནུས་ལྡན་གྱིས་གཏོར་ཐུབ་པ་བྱུང་ཡོད།

35 世界首套8.8米超大采高智能化矿山装备

འཛམ་གླིང་སྟེང་གི་ཐོག་མའི་སྨི8.8ཟིན་པའི་ཆེས་ཆེའི་སྔོག་མཐོ་རིག་ནུས་ཅན་གྱི་གཏེར་རིའི་སྒྲིག་ཆས།

2018年，在陕北神府煤田的优质煤海下，投用了一批总重量超过万吨的“钢铁巨兽”，用来“一口吞掉”以前需要多次分层开采的特厚煤层，实现了8米以上特厚煤层高产高效开采。这套智能综采设备的成功投用，填补了国内乃至全世界特厚煤层综采工作面一次性采全高采煤技术的空白，是采掘装备和开采技术上的一次历史性变革。

8.8米超大采高智能化采煤装备是在已有的装备技术经验的基础上不断优化、改进、创新的成果，采高范围为5.6米至8.8米，总装机功率3030千瓦，具有记忆截割、自动调高、三维定位、工作面导航、远程监控等功能，极大提高了采煤机的智能化水平，不仅能够满足综采面生产、支护以及运输需要，而且生产能力显著提升，采出率提高了20.2%。装备中采煤机、三机、液压支架、泵站的技术水平均处于行业领先地位，设备国产化率达100%，可填补国内乃至全世界特厚煤层一次性采全高的技术空白。

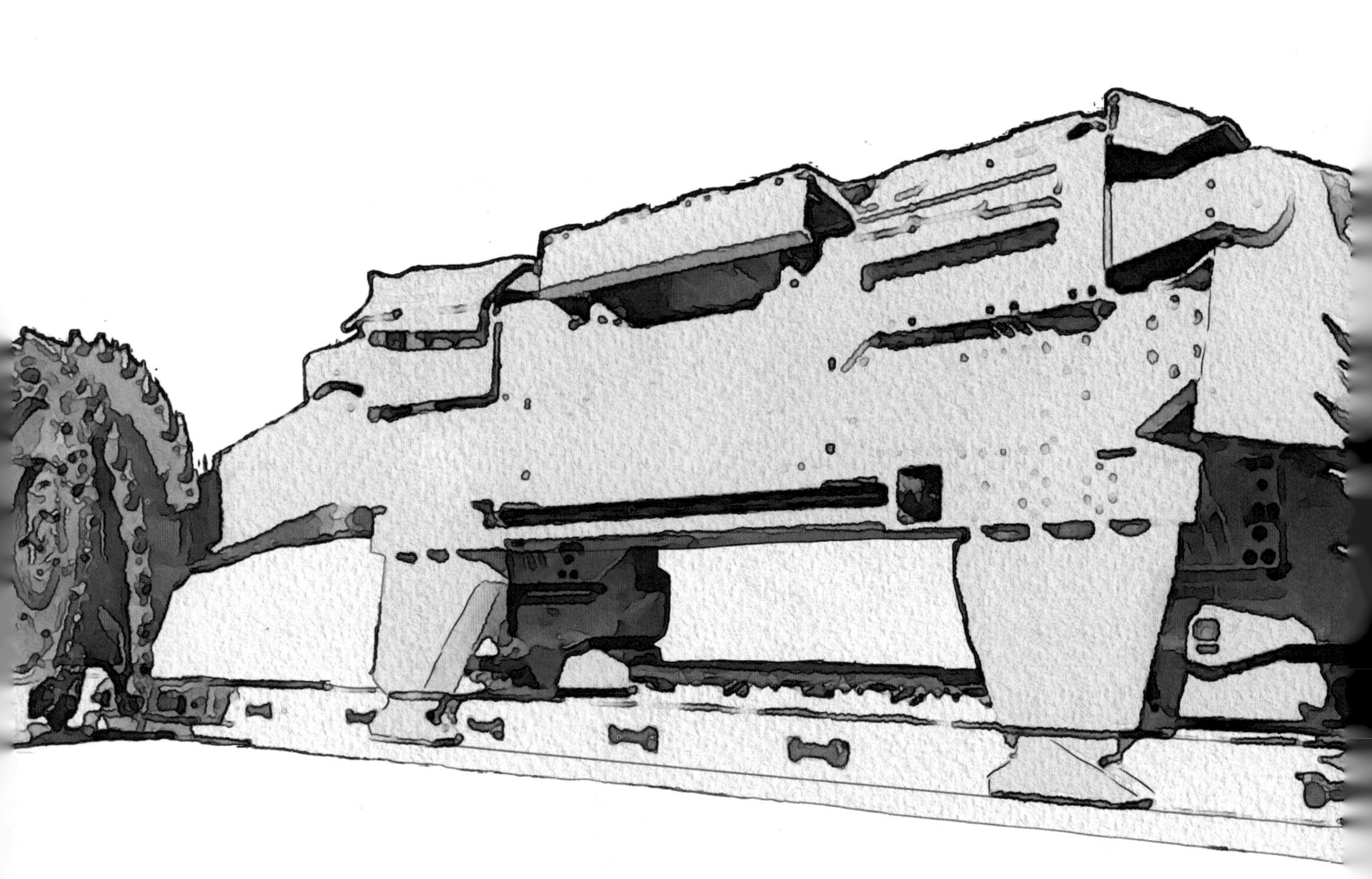

2018ལོར། རྟའན་པེའི་རྟེན་སྦྲ་རྡོ་སོལ་གཏེར་ཁུལ་གྱི་སྦུས་ལེགས་རྡོ་སོལ་མངའ་བའི་ས་འོག་ཏུ། ཞིད་ཚད་ཏུན་ཁྲི་ལས་བརྒལ་བའི“ངར་ལྡགས་ཀྱི་གཙན་གཟན་ཆེན་པོ”ཁག་ཅིག་ཐོན་སྐྱེད་དངོས་སྤྱོད་བྱས་པ་དང་། “ཁམ་གཅིག་གིས་ཁྱུར་མིད་གཏོང་བའི”སྟོན་དུ་ཐེངས་མང་པོར་རིམ་པ་དབྱེ་ནས་རྡོ་སོལ་གྱི་རིམ་པ་སྟོག་འདོན་བྱས་པས། མཐུག་ཚད་ལ་སྨི8ཡན་གྱི་རྡོ་སོལ་བང་རིམ་ཐོན་མཐོ་ནུས་མཐོ་སྟོག་འདོན་བྱེད་པ་མངོན་འགྱུར་བྱུང་ཡོད། རིག་ནུས་ཕྱོགས་བསྡུས་སྟོག་འདོན་སྒྲིག་ཆས་ཆ་ཚང་དེ་ཉིད་རྒྱལ་ཁའི་ནང་སྤྱོད་མགོ་ཚུགས་པས། རྒྱལ་ནང་དང་ཐ་ན་འཛམ་གླིང་ཡོངས་ཀྱི་རྡོ་སོལ་བང་རིམ་ཕྱོགས་བསྡུས་སྟོག་འདོན་ལས་དོན་ཐད་ནས་ཐེངས་གཅིག་རང་བཞིན་གྱི་སྟོག་མཐོ་རྡོ་སོལ་སྟོག་འདོན་ལག་རྩལ་གྱི་སྟོང་ཆ་བསྐྲུངས་ཡོད་ཅིང་། དེ་ནི་སྟོག་འདོན་སྒྲིག་ཆས་དང་སྟོག་འདོན་ལག་རྩལ་ཐད་ཀྱི་ལོ་རྒྱུས་རང་བཞིན་གྱི་འཕོ་འགྱུར་ཞིག་ཡིན།

སྨི8.8ཟིན་པའི་ཆེས་ཆེའི་སྟོག་མཐོ་རིག་ནུས་ཅན་གྱི་རྡོ་སོལ་སྟོག་འདོན་སྒྲིག་ཆས་ནི་མིག་སྔར་གྱི་སྒྲིག་ཆས་ལག་རྩལ་ཉམས་ཞྱོང་གི་རྨང་གཞིའི་ཐོག་ཏུ་ལེགས་སྒྱུར་དང་ལེགས་བཅོས། གསར་གཏོད་བྱས་པའི་གྲུབ་འབྲས་ཡིན། སྟོག་མཐོའི་ཁྱབ་ཁོངས་སྨི5.6ནས་སྨི8.8བར་དང་སྒྲིག་འདོན་འཕྲུལ་འཁོར་གྱི་ནུས་ཚད་ཆན་ཕ3030ཡིན། དེར་དྲན་ཤེས་སེམས་པ་དང་། རང་འགུལ་གྱིས་མཐོར་འདེགས་གཏོང་བ། རྩ་གསུམ་གནས་ཐིག་གཏན་ཁེལ། ལས་ཀའི་ཁྱབ་ཁོངས་ཕྱོགས་སྟོན། རྒྱང་རིང་ལྟ་སྐྱུལ་ཚོད་འཛིན་སོགས་ཀྱི་ནུས་པ་ལྡན་པས། རྡོ་སོལ་སྟོག་འདོན་འཕྲུལ་འཁོར་གྱི་རིག་ནུས་ཅན་གྱི་ཚུ་ཚད་ཆེས་ཆེར་ཇེ་མཐོར་བཏང་ནས། ཕྱོགས་བསྡུས་སྟོག་འདོན་ངོས་ཀྱི་ཐོན་སྐྱེད་དང་སྐྱོར་སྲུང་། སྐྱེལ་འདྲེན་བཅས་ཀྱི་དགོས་མཁོ་སྐོང་ཐུབ་པར་མ་ཟད། ཐོན་སྐྱེད་ནུས་པ་མངོན་གསལ་དོད་པོས་ཇེ་མཐོར་བཏང་བས། སྟོག་འདོན་བྱེད་ཚད20.2%ཇེ་མཐོར་སོང་ཡོད། སྒྲིག་ཆས་ཁྲིད་ཀྱི་རྡོ་སོལ་སྟོག་འདོན་འཕྲུལ་འཁོར་དང་འཕྲུལ་གསུམ་འཕྲུལ་འཁོར། གཉེར་གཏོན་འདེགས་སྒྲོམ། གཉེར་འཛིན་ས་ཚོགས་བཅས་ཀྱི་ལག་རྩལ་ཚུ་ཚད་ཚང་མས་ལས་རིགས་ཀྱི་སྔོན་ཐོན་གོ་གནས་ཟིན་པ་དང་། སྒྲིག་ཆས་རང་རྒྱལ་གྱིས་བཟོ་ཚད100%ཟིན་པས། རྒྱལ་ནང་དང་ཐ་ན་འཛམ་གླིང་ཡོངས་ཀྱི་ཆེས་མཐུག་པའི་རྡོ་སོལ་བང་རིམ་གྱི་ཐེངས་གཅིག་སྟོག་མཐོ་ལག་རྩལ་གྱི་སྟོང་ཆ་བསྐྲུངས་ཡོད་དོ། །

36 国产超大直径盾构机

རང་རྒྱལ་གྱིས་བཟོས་པའི་ཚངས་ཞིག་ཤུབ་འདོན་འཁྲུལ་འཁོར་ཆེ་རིགས།

当我们好奇几公里甚至几十公里的隧道是怎么修出来的，或者感叹地下强大的地铁运输网络时，有一台设备便进入了我们的视线，它叫盾构机。有人称它为“地下航母”，也有人叫它“工程机械之王”。它在修建公路、地铁、铁路、市政、水电等工程中一展拳脚，拥有开挖切削土体、输送土碴、拼装隧道衬砌、测量导向纠偏等很多功能。曾经很长一段时间，盾构机都被国外技术垄断，属于“卡脖子”的重大设备。

2002年，我国开始致力于“造中国最好的盾构”。2010年，便造出了“开路先锋19号”，在长沙地铁掘进中大显身手。至此，我国便铺开了自主研制盾构机的康庄大道，通过引进、消化、再创新，研发了世界首台马蹄形盾构、世界最大矩形盾构、全球首台永磁电机驱动盾构机……还在不少领域做到了世界顶尖。2020年，一台命名为“京华号”、开挖直径达16.07米的世界最大盾构机下线，一次性开挖隧道断面近6层楼高，成为当之无愧的国之重器。它的成功研制有力巩固了国产超大直径盾构机核心技术的自主可控能力。

ང་ཚོས་སྤྱི་ལེ་ཁ་ཤས་དང་ཐ་ན་སྤྱི་ལེ་བཅུ་ཕྲག་ཁ་ཤས་ཡོད་པའི་ཕུག་ལམ་ཇི་ལྟར་བཟོས་པར་ཧ་ལས་པ་དང་། ཡང་ན་ས་འོག་ལྕགས་ལམ་སྐྱེལ་འདྲེན་གྱི་དྲ་བ་ཆེན་པོ་ཞིག་ལ་ཡིད་སྨོན་བྱེད་སྐབས། སྒྲིག་ཆས་ཤིག་ང་ཚོའི་མིག་ལམ་དུ་ཤར་འོང་བ་ནི་ཕུབ་འདོན་འཕྲུལ་འཁོར་ཡིན། མི་ལ་ལས་དེ་ལ“ས་འོག་གི་གནམ་ཐང་གྲུ་གཟིངས”ཞེས་འབོད་པ་དང་། ཡང་མི་ལ་ལས་དེ་ལ“བཟོ་སྐྲུན་འཕྲུལ་ཆས་རྒྱལ་པོ”ཞེས་འབོད། གཞུང་ལམ་དང་ས་འོག་ལྕགས་ལམ། ལྕགས་ལམ། གྲོང་ཁྱེར་དོ་དམ་ལས་དོན། ཆུ་གློག་སོགས་བཟོ་སྐྲུན་བྱེད་དུས་དེས་ནུས་པ་མི་དམན་པ་འདོན་སྤེལ་བྱེད་བཞིན་ཡོད། དེར་ས་བརྐོ་བ་དང་ས་སྒྲིགས་སྐྱེལ་བ། ཕུག་ལམ་སྒྲིག་སྦྱོར། ཚད་འཇལ་ཁྲིད་ཕྱོགས་ཡོ་བསྲང་བྱེད་པ་སོགས་ཀྱི་ནུས་པ་མང་པོ་ལྡན། སྔོན་ཆད་དུས་ཡུན་རིང་པོ་ཞིག་ལ། ཕུབ་འདོན་འཕྲུལ་འཁོར་ཚོང་ར་ཕྱི་རྒྱལ་ལག་རྩལ་གྱིས་སྐོར་སྡེམ་བྱས་པས། “སྐེ་འགག”སྒྲིག་ཆས་གལ་ཆེན་གྱི་ཁོངས་སུ་གཏོགས།

2002ལོར། རང་རྒྱལ་གྱིས“ཀྲུང་གོའི་ཕུབ་འདོན་ཡག་ཤོས་བཟོ་རྒྱུར”འབད་བརྩོན་བྱེད་མགོ་བརྩམས་ཤིང་། 2010ལོར“ལམ་འབྱེད་གདོང་ལེན་ཨང19པ”བཟོས་ནས་ཁྲང་ཧྲའི་ས་འོག་ལྕགས་ལམ་སྟོག་འདོན་ཁྲོད་དུ་ནུས་ཤུགས་ཡོད་རྒྱ་བཏོན། དེ་ནས་བཟུང་། རང་རྒྱལ་གྱིས་རང་བདག་ཞིབ་བཟོ་བྱེད་པའི་ཕུབ་འདོན་འཕྲུལ་འཁོར་གྱི་ཡངས་ཤིང་རྒྱ་ཆེ་བའི་ལམ་ཆེན་བསྐྲུན་པ་དང་། ནང་འདྲེན་དང་ཁོང་དུ་ཆུད་པ། སླར་ཡང་གསར་གཏོད་བྱས་པ་བརྒྱུད་དེ། འཛམ་གླིང་གི་རྟ་རྨིག་དབྱིབས་ཀྱི་ཕུབ་ཆགས་དང་འཛམ་གླིང་གི་གྲུ་བཞི་ཆེ་ཤོས་ཀྱི་ཕུབ་ཆགས་གྲུབ་ཅིང་། གོ་ལ་ཧྲིལ་པོའི་ཡུང་སྟུད་གློག་འཕྲུལ་སྐུལ་བྱེད་ཕུབ་འདོན་འཕྲུལ་ཆས་ཐོག་མ་སོགས་ཞིབ་འཇུག་གསར་སྤེལ་བྱས་པར་མ་ཟད། ད་དུང་ཁྱབ་ཁོངས་མང་པོ་ནས་འཛམ་གླིང་གི་ཡང་རྩེར་སླེབས་ཡོད། 2020ལོར། མིང་ལ“ཅིང་ཧྭ་རྟགས་ཅན”ཞེས་འབོད་ཅིང་ཚངས་ཐིག་སྨི16.07ཟིན་པའི་འཛམ་གླིང་གི་ཕུབ་འདོན་འཕྲུལ་ཆས་ཆེ་ཤོས་ཤིག་བཟོས་པ་དང་། ཐེངས་གཅིག་པའི་ཕུག་ལམ་གྱི་བཅད་ཁའི་ཐོག་བརྩེགས6ཙམ་གྱི་མཐོ་ཚད་བརྐོས་པས། ངོ་གནོང་མི་དགོས་པའི་རྒྱལ་ཁབ་ཀྱི་གལ་ཆེའི་རྫ་ཆས་སུ་གྱུར་ཡོད། དེ་ཉིད་རྒྱལ་ཁའི་ངང་ཞིབ་བཟོ་བྱས་པས། རང་རྒྱལ་གྱིས་བཟོས་པའི་ཚངས་ཐིག་ཕུབ་འདོན་འཕྲུལ་འཁོར་གྱི་དཀྱིལ་སྙིང་ལག་རྩལ་གྱི་རང་བདག་ཚོད་འཛིན་ནུས་པ་སྲ་བརྟན་དུ་བཏང་ཡོད་དོ། །

37 中国的造岛神器——“天鲲号”

ཀྲུང་གོའི་གླིང་ཕྲན་བཟོ་བའི་ཡོ་བྱད“ཐེན་ཁུན་རྟགས་ཅན”

众所周知，地球陆地面积只有29%，为了扩大使用面积，很多沿海地区都会使用人工填海技术。陆上开山凿地有盾构机，海上开河以及远海的岛礁建设工作，自然缺不了重型绞吸船的出席。2019年，由我国自主设计制造的6600千瓦绞力功率重型自航绞吸船“天鲲号”，经过近三个月的挖泥、挖岩试验，正式投产。它的成功研制，实现了我国重型自航绞吸船关键技术的突破，填补了我国自主设计建造重型自航绞吸船的空白，使我国挖泥船的设计以及建造技术成功跻身于世界前列。

“天鲲号”是我国首艘自主研发，拥有完全自主知识产权的自航绞吸挖泥船，居亚洲第一、世界第三。它有着巨大的身材，强大的填海造陆能力，拥有亚洲最先进的挖掘系统、最大功率的输送系统和自动控制系统，泥泵输送功率达到了17000千瓦，是世界上的最高功率配置，远程输送能力可达15000公尺，具有吨位大、爪牙锋利、挖掘和传输效率高的优势，是造岛工程中的大力神。

ཚང་མས་ཤེས་གསལ་ལྟར། སའི་གོ་ལའི་སྐམ་སའི་རྒྱ་ཁྱོན29%ལས་མེད་པ་དང་། བེད་སྤྱོད་རྒྱ་ཁྱོན་ཇེ་ཆེར་གཏོང་ཆེད། མཚོ་རྒྱུད་ས་ཁུལ་མང་པོས་མིས་ཐབས་ལ་བརྟེན་ནས་མཚོ་བརྒྱངས་ལག་རྩལ་སྤྱོད་བཞིན་ཡོད། སྐམ་སའི་ཐོག་ཏུ་རི་བོ་བཀོ་བྱེད་ཀྱི་ཕུབ་འདོན་འཕྲུལ་ཆས་ཡོད་པ་དང་། མཚོ་ཐོག་ཏུ་ཆུ་ལམ་བཏོད་པ་དང་དེ་བཞིན་རྒྱ་མཚོའི་གླིང་ཐྲན་འཛུགས་སྐྲུན་ལས་དོན་སྤེལ་བར། འཛིག་འཛིབ་གྲུ་གཟིངས་ཆེ་གྲས་དང་བྲལ་ཐབས་མེད། 2019ལོར། རང་རྒྱལ་གྱིས་རང་བདག་འཆར་འགོད་བཟོ་སྐྲུན་བྱས་པའི་ཆབ་ཕྱ6600ཡི་སྤྲིལ་ཤུགས་རྩོལ་ཚད་ཆེ་བའི་རང་བསྒྲོད་སྤྲིལ་འཛིབ་གྲུ་གཟིངས“ཐེན་ཁུན་རྟགས་ཅན”གྱིས་ཟླ་བ་གསུམ་ཙམ་གྱི་རིང་ལ་འདམ་ཀོ་དང་བྲག་རྡོ་སྟོག་འདོན་ཚོད་ལྟ་བྱས་པ་བརྒྱུད་དེ་དངོས་སུ་ཐོན་སྐྱེད་བྱེད་མགོ་ཚུགས་པ་ཡིན། དེ་ཉིད་རྒྱལ་ཁའི་ངང་ཞིབ་བཟོ་བྱས་པས། རང་རྒྱལ་གྱི་རང་སྐྱོད་འཛིག་འཛིབ་གྲུ་གཟིངས་ཆེ་གྲས་ཀྱི་འགག་རྩའི་ལག་རྩལ་ཐོད་རྒལ་བྱུང་བ་དང་། རང་རྒྱལ་གྱིས་རང་སྐྱོད་འཛིག་འཛིབ་གྲུ་གཟིངས་ཆེ་གྲས་ཀྱི་འཆར་འགོད་དང་བཟོ་སྐྲུན་བྱེད་པའི་ཐད་ཀྱི་སྟོང་ཆ་བསྐངས་ཤིང་། རང་རྒྱལ་གྱི་འདམ་འདྲུ་གྲུ་གཟིངས་ཀྱི་འཆར་འགོད་དང་དེ་བཞིན་དུ་བཟོ་སྐྲུན་ལག་རྩལ་རྒྱལ་ཁའི་ངང་འཛམ་གླིང་གི་མདུན་གྲལ་དུ་སླེབས་ཡོད།

“ཐེན་ཁུན་རྟགས་ཅན”ནི་རང་རྒྱལ་གྱིས་རང་བདག་ཞིབ་བཟོ་བྱས་པ་ཐོག་མ་དང་རང་བདག་ཤེས་བྱའི་བདག་དབང་ཡོངས་སུ་ལྡན་པའི་རང་སྐྱོད་འཛིག་འཛིབ་འདམ་འདྲུའི་གྲུ་གཟིངས་ཡིན་པས། ཨེ་ཤེ་ཡའི་ཨང་དང་པོ་དང་འཛམ་གླིང་གི་ཨང་གསུམ་པ་ཟིན་ཡོད། དེར་གཟུགས་བྱད་ཏ་ཅང་ཆེ་བ་དང་། ཆུ་ལམ་བཏོད་པ་དང་སྐམ་ས་བཟོ་བའི་ནུས་པ་ཆེན་པོ་ལྡན། ཨེ་ཤེ་ཡའི་ཆེས་སྟོན་ཐོན་གྱི་སྟོག་འདོན་མ་ལག་དང་། ཤུགས་ཚད་ཆེ་ཤོས་ཀྱི་སྐྱེལ་འདྲེན་མ་ལག་དང་རང་འགུལ་གྱི་ཚོད་འཛིན་མ་ལག་ལྡན་པ་རེད། འདམ་འཐེན་སྐྱེལ་འདྲེན་རྩོལ་ཚད་ཆབ་ཕྱ17000ཟིན་ཞིང་། དེ་ནི་འཛམ་གླིང་སྟེང་གི་ནུས་ཚད་ཆེས་མཐོ་བའི་རྩོལ་ཚད་བཀོད་སྒྲིག་ཡིན་པ་དང་། རྒྱང་རིང་སྐྱེལ་འདྲེན་ནུས་པ་སྤྱི་ཁྲི15000ལ་སླེབས་ཤིང་། དེར་ཏུན་ཚད་ཆེ་བ་དང་ཀ་སོའི་རྗེ་ངར་ལྡན་པ། སྟོག་འདོན་དང་སྐྱེལ་འདྲེན་གྱི་ལས་ཕྱོད་མཐོ་བ་བཅས་ཀྱི་ལེགས་ཆ་ལྡན་པས། དེ་ནི་གླིང་ཐྲན་བཟོ་བའི་བཟོ་སྐྲུན་ཁྲིད་ཀྱི་ཤེད་ཤུགས་ཆེན་པོའི་འཕྲུལ་ཆས་བཟང་པོ་ཞིག་ཡིན།

38 百万吨级乙烯成套技术

ཏུན་ཁྲི་བརྒྱ་རིམ་པའི་ཁ་སེན་ཆ་ཚང་ལག་རྩལ།

如果说石化工业是国民经济的支柱产业之一，那么乙烯装置就是石化工业的龙头。生产的乙烯、丙烯、丁二烯及副产的苯、甲苯、二甲苯都是最重要的基本有机化工原料，下游衍生的合成树脂、合成纤维、合成橡胶及有机化工产品广泛应用于各行各业，对发展经济、改善民生和保障国防具有重要作用。获得2019年中国石油和化学工业联合会“科技进步特等奖”的百万吨级乙烯成套技术有力推动了我国石化工业、装备制造业和相关产业的发展，堪称是中国创造的又一张新名片。

这套技术从根本上解决了复杂原料高效利用及百万吨级乙烯大型化的技术难题，在裂解、分离、催化等工艺环节取得了一系列重大突破：创新开发了超大型长周期高效系列裂解炉技术，投运的国内最大20万吨/年乙烯裂解炉运转周期延长50%以上；首创了以分凝分馏塔、分配分离为核心的高效分离技术，实现了传质传热高效协同耦合；创新了高性能全流程催化剂，实现了低成本、低能耗、高选择性的杂质脱除，并实现出口。

གལ་ཏེ་རྡོ་སྣུམ་བཟོ་ལས་ནི་རྒྱལ་དམངས་དཔལ་འབྱོར་གྱི་ཀ་ཁང་འཛིན་ཐོན་ལས་གྲས་ཀྱི་གཅིག་ཡིན་ན། ཁ་སེན་སྒྲིག་ཆས་ནི་རྡོ་སྣུམ་རྫས་འགྱུར་བཟོ་ལས་ཀྱི་སྣེ་འདྲེན་ཡིན། ཐོན་སྐྱེད་བྱས་པའི་ཁ་སེན་དང་ག་སེན། ཏིན་ཨེར་སེན་དང་ཟུར་ཐོན་གྱི་པེན། ཅ་པེན། ཨེར་ཅ་པེན་སོགས་ཆེས་གལ་ཆེ་བའི་གཞི་རྩའི་སྐྱི་ལྡན་རྫས་འགྱུར་བཟོ་ལས་ཀྱི་རྒྱུ་ཆ་ཡིན། སྨད་རྒྱུད་ཀྱི་འདྲེས་གྲུབ་ཤིང་ཚིལ་དང་འདྲེས་གྲུབ་ཚོ་སྐུ། འདྲེས་གྲུབ་འཁྱིག་དང་སྐྱི་ལྡན་རྫས་འགྱུར་བཟོ་ལས་ཀྱི་ཐོན་རྫས་སོགས་ལས་རིགས་སོ་སོར་རྒྱ་ཁྱབ་ཏུ་སྤྱོད་བཞིན་ཡོད་པས། དཔལ་འབྱོར་འཕེལ་རྒྱས་དང་དམངས་འཚོ་ལེགས་བཅོས། རྒྱལ་སྲུང་འགན་སྲུང་བཅས་ལ་ནུས་པ་གལ་ཆེན་ལྡན། 2019ལོའི་ཀྲུང་གོའི་རྡོ་སྣུམ་དང་རྫས་འགྱུར་བཟོ་ལས་མཉམ་འབྲེལ་ལྷན་ཚོགས་ཀྱི“ཚན་རྩལ་ཡར་ཐོན་གྱི་དམིགས་བསལ་བྱ་དགའ”ཐོབ་པའི་ཏུན་ཁྲི་བརྒྱའི་ཁ་སེན་ཆ་ཚང་ལག་རྩལ་གྱིས། རང་རྒྱལ་གྱི་རྡོ་སྣུམ་རྫས་འགྱུར་བཟོ་ལས་དང་སྒྲིག་ཆས་བཟོ་སྐྲུན་ལས་རིགས། འབྲེལ་ཡོད་ཐོན་ལས་བཅས་ཀྱི་འཕེལ་རྒྱས་ལ་སྐུལ་འདེད་ནུས་ལྡན་ཐོན་ནས་ཀྲུང་གོས་བསྐྲུན་པའི་མིང་བྱང་གསར་པ་གཞན་ཞིག་ཡིན་ཞེས་བརྗོད་ཆོག

ཆ་ཚང་བའི་ལག་རྩལ་དེས་རྙོག་འཛིང་ཆེ་བའི་མ་བཅོས་རྒྱུ་ཆ་ནུས་ཆེའི་བེད་སྤྱོད་དང་ཏུན་ཁྲི་བརྒྱ་རིམ་པའི་ཁ་སེན་ཆེ་གྲས་ལག་རྩལ་གྱི་དཀའ་གནད་རྩ་བའི་ཆ་ནས་ཐག་གཅོད་བྱས་ཤིང་། གས་འབྱེད་དང་དབྱེ་འབྱེད། འགྱུར་སྐུལ་སོགས་བཟོ་རྩལ་ལྷུ་ཚིགས་སུ་ཐོན་རྒལ་གལ་ཆེན་རབ་དང་རིམ་པ་བྱུང་ཡོད། དུས་འཁོར་ཆེ་གྲས་ལས་བརྒལ་བའི་ཕན་ནུས་ཆེ་བའི་རིམ་སྤྱིལ་བཙོ་སྦྱངས་ཐབ་ཀྱི་ལག་རྩལ་གསར་གཏོད་གསར་སྤེལ་བྱས་པ་དང་། འཁོར་སྐྱོད་བྱེད་པའི་རྒྱལ་ནང་གི་ཏུན་ཁྲི20/ལོའི་ཁ་སེན་བཙོ་སྦྱངས་ཐབ་ཀྱི་འཁོར་སྐྱོད་དུས་ཡུན50%ཡན་ཇེ་རིང་དུ་བཏང་། དཀག་འབྱེད་བཙོ་འབྱེད་མཆོད་རྟེན་དབྱིབས་ཅན་དང་བགོ་བཤའ་ཁ་གྱེས་དཀྱིལ་སྙིང་དུ་བཟུང་བའི་ནུས་མཐོ་དབྱེ་གྱེས་ལག་རྩལ་གསར་གཏོད་བྱས་ཏེ། དངོས་སྐྱེལ་ཚ་འགྲེམས་མངོན་འགྱུར་དང་མཐུན་སྦྱོར་ཟུང་འབྲེལ་གྱི་ཕན་འབྲས་ཇེ་མཐོར་བཏང་། གཤིས་ནུས་མཐོ་བའི་བརྒྱུད་རིམ་ཧྲིལ་པོའི་འགྱུར་སྐུལ་བྱེད་རྫས་གསར་གཏོད་བྱས་ནས། མ་གནས་དམའ་བ་དང་ནུས་རྒྱུ་ཟད་གྲོན་ཆུང་བ། གདམ་ག་མང་བ་བཅས་ཀྱི་སྙིགས་རོ་མེད་པར་བཟོས་ཤིང་ཕྱིར་གཏོང་ཡང་མངོན་འགྱུར་བྱུང་ཡོད།

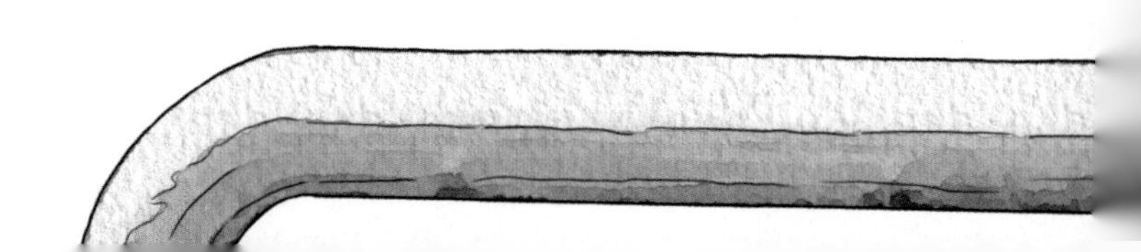

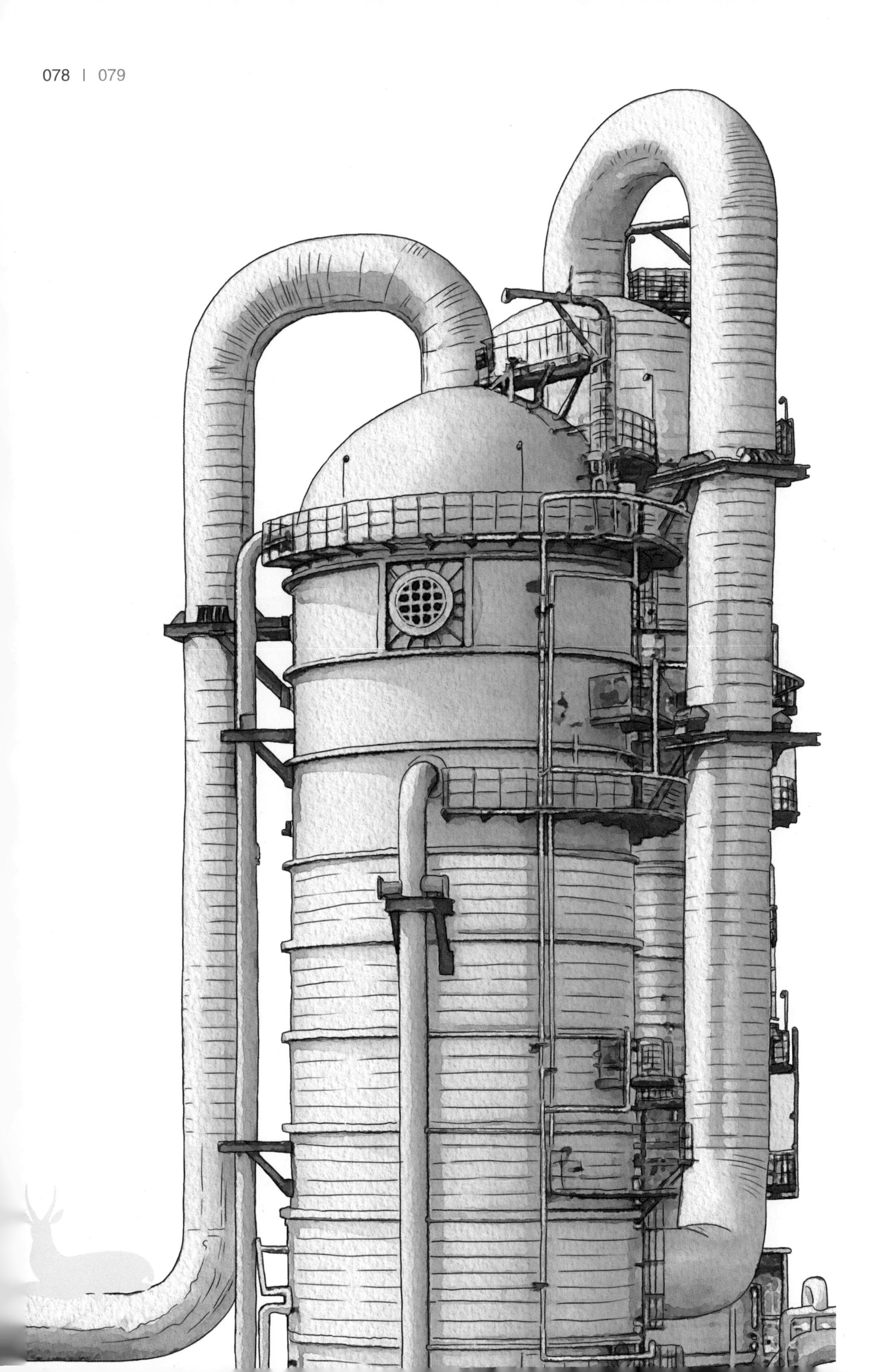

39 无人机技术

མི་མེད་གནམ་གྲུའི་ལག་རྩལ།

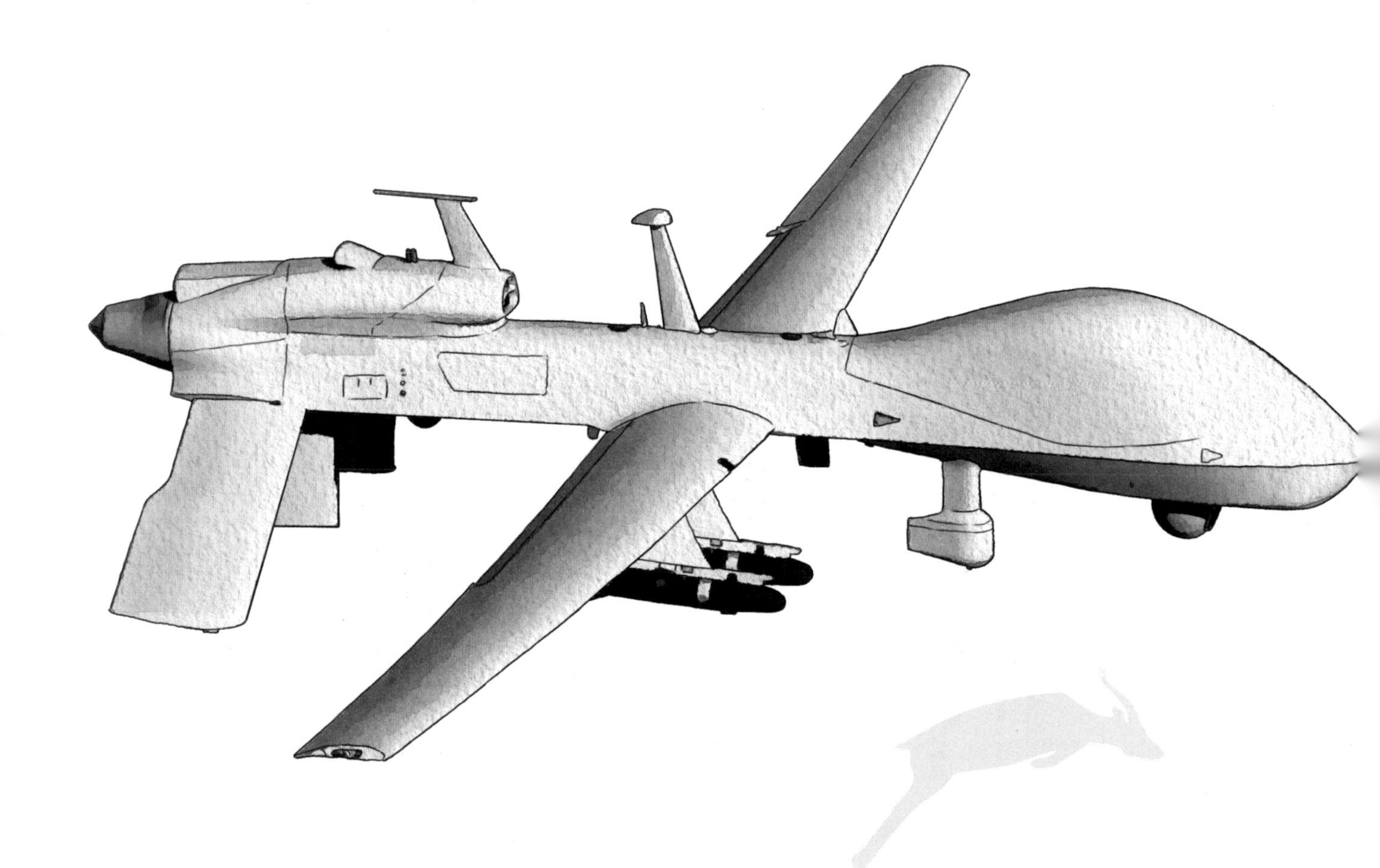

可以说无人机是我国产业快速发展并占据世界领先地位的一道亮丽风景。凭借便利、经济、环保、安全等优势，我国民用无人机在许多领域得到了广泛应用，并占据了全球85%的市场份额，让中国制造开始出现在高科技领域，成为全球领先的无人机飞行器控制系统及无人机解决方案的研发和生产国，客户遍布全球100多个国家。

现在，我国共有130余家民用无人机研制单位，民用无人机的种类也逐渐丰富，包括固定翼无人机、旋翼无人机、飞艇无人机等。除了用于常见的航拍、影视拍摄和新闻报道等，无人机还在搜索救援、执法、防火、电力巡线、环保科研等领域发挥着作用，使我国成为当之无愧的无人机制造大国。如今，无人机声誉早已名扬海外。在国外，中国的无人机产品早已在各行各业扮演着重要角色。小小无人机，飞出了无人机创新的宏图大业，也飞出了一个让世界刮目相看的中国制造。

མི་མེད་གནམ་གྲུ་ནི་རང་རྒྱལ་གྱི་ཐོན་ལས་མགྱོགས་མྱུར་འཕེལ་རྒྱས་སུ་སོང་ཡོད་པར་མ་ཟད་འཛམ་གླིང་གི་སྔོན་ཐོན་གོ་གནས་ཟིན་པའི་མིག་དབང་འཕྲོག་པའི་མཛེས་ལྗོངས་ཤིག་ཡིན་ཞེས་བརྗོད་ཆོག སྐབས་བདེ་དང་དཔལ་འབྱོར། ཁོར་ཡུག་སྲུང་སྐྱོབ། བདེ་འཇགས་སོགས་ཀྱི་ལིགས་ཆར་བརྟེན་ནས། རང་རྒྱལ་གྱི་དམངས་སྤྱོད་མི་མེད་གནམ་གྲུ་ཁྱབ་ཁོངས་མང་པོར་རྒྱ་ཁྱབ་དང་སྤྱོད་བཞིན་ཡོད་ཅིང་། གོ་ལ་ཡོངས་ཀྱི་ཚོང་རའི་ཐོབ་སྐལ་གྱི85%བཟུང་ནས། ཀྲུང་གོའི་བཟོ་སྐྲུན་ཚན་རྩལ་མཐོ་བའི་ཁྱབ་ཁོངས་སུ་ཚུད་པ་དང་གོ་ལ་ཁྱིལ་པོའི་སྔོན་ཐོན་མི་མེད་གནམ་གྲུའི་འཕུར་སྐྱོད་འཕྲུལ་ཆས་ཚོད་འཛིན་མ་ལག་དང་། དེ་བཞིན་མི་མེད་གནམ་གྲུའི་ཐག་གཅོད་རྟུས་གཞིའི་ཞིབ་འཇུག་གསར་སྤེལ་དང་ཐོན་སྐྱེད་རྒྱལ་ཁབ་ཏུ་གྱུར་ནས་མགོ་མཁན་གོ་ལ་ཁྱིལ་པོའི་རྒྱལ་ཁབ100ལྷག་ལ་ཁྱབ།

མིག་སྔར། རང་རྒྱལ་དུ་དམངས་སྤྱོད་མི་མེད་གནམ་གྲུར་ཞིབ་འཇུག་གསར་བཟོ་ལས་ཁུངས130ལྷག་ཙམ་ཡོད་པ་དང་། དམངས་སྤྱོད་མི་མེད་གནམ་གྲུའི་རིགས་ཀྱང་རིམ་བཞིན་ཕུན་སུམ་ཚོགས་སུ་སོང་ཡོད། དེའི་ནང་དུ་གཏན་འཇགས་གཤོག་སྒྲོའི་མི་མེད་གནམ་གྲུ་དང་གཤོག་སྐོར་མི་མེད་གནམ་གྲུ། འཕུར་གྲུའི་མི་མེད་གནམ་གྲུ་སོགས་ཚུད་ཡོད། དུས་རྒྱུན་མཐོང་ཐུབ་པའི་མཁའ་འགྲུལ་པར་ལེན་དང་གློག་བརྙན་བརྙན་འཕྲིན་པར་ལེན། གསར་འགྱུར་འཕྲིན་སྤེལ་སོགས་ལ་སྤྱོད་པ་ལས་གཞན། མི་མེད་གནམ་གྲུར་ད་དུང་འཚོལ་ཞིབ་རོགས་སྐྱོབ་དང་ཁྲིམས་འཛིན། མེ་ཐོན། གློག་ཤུགས་སྐོར་ཞིབ། ཁོར་ཡུག་སྲུང་སྐྱོབ་ཚན་ཞིབ་སོགས་ཁྱབ་ཁོངས་སུའང་ནུས་པ་འདོན་སྤེལ་བྱས་ཏེ། ཇོ་གཙོང་མི་དགོས་པའི་མི་མེད་གནམ་གྲུ་བཟོ་སྐྲུན་གྱི་རྒྱལ་ཁབ་ཆེན་པོར་གྱུར་ཡོད། དེང་སྐབས་མི་མེད་གནམ་གྲུའི་མཚན་སྙན་སྣ་མོ་ནས་འཛམ་གླིང་ཡོངས་སུ་གྲགས་ཡོད་དེ། ཕྱི་རྒྱལ་དུ་ཀྲུང་གོའི་མི་མེད་གནམ་གྲུའི་ཐོན་རྫས་ཀྱིས་སྣ་མོ་ནས་སོ་སོའི་ལས་རིགས་ཁག་ཏུ་ནུས་པ་གལ་ཆེན་ཐོན་བཞིན་ཡོད། མི་མེད་གནམ་གྲུ་ཆུང་ངུས་མི་མེད་གནམ་གྲུ་གསར་གཏོད་ཀྱི་བརྗོད་ཆེའི་བྱ་གཞག་ཆེན་པོ་བསྒྲུབ་ཡོད་ལ། འཛམ་གླིང་གིས་ལྟ་སྟངས་གསར་པ་འཛིན་པའི་ཀྲུང་གོའི་བཟོ་སྐྲུན་ཀྱང་མངོན་པར་མཚོན་ཡོད།

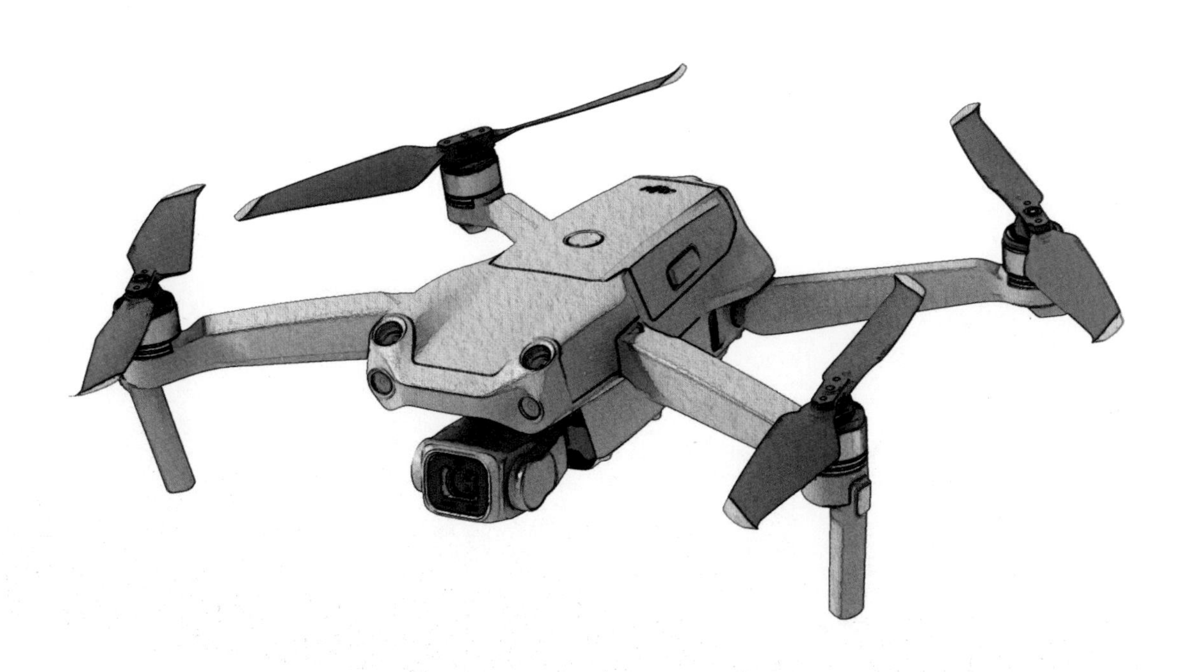

40 新一代永磁电机和潜艇AIP发动机技术

རབས་གསར་བའི་ཡུང་སྟུད་སློག་འཕྲུལ་དང་ཆུ་རིམ་དམག་གྲུAIPཤེད་འཕྲུལ་ལག་རྩལ།

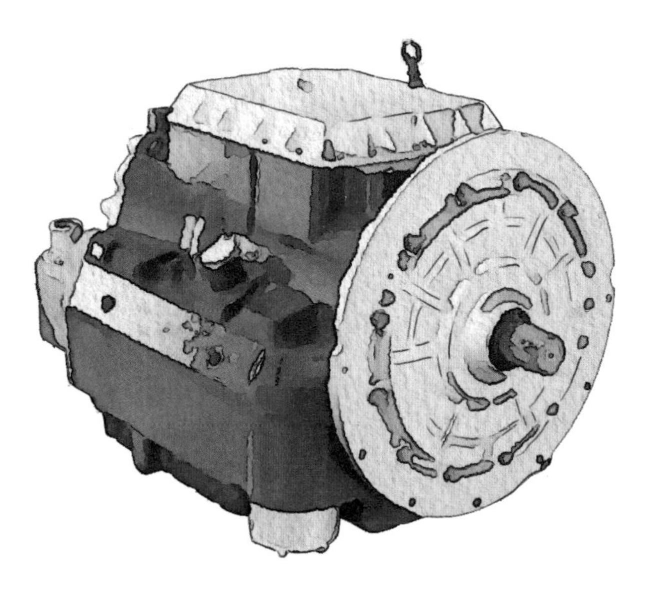

潜艇作为水下突击的核心力量，必须具备静默航行和超长潜航的能力，才能和水面舰艇编队乃至空中打击编队形成立体化的攻击网络，有效提升现代化海战效率。动力系统作为控制潜艇进行远距离攻击的机械设备，一直是各个国家攻克和改进的重要部件。但由于潜艇技术的复杂性、困难性，以及研制周期长、投入大等原因，潜艇的推动力系统一直处于以柴电动力和核动力为主的阶段。

2017年10月，我国第一台完全自主知识产权的永磁电机在三亚装艇试车成功，这是我国舰艇动力“跨越式发展”的重要一步。消息发布后，便受到各个国家的高度关注，其优势显而易见：永磁电机具有功率密度高、特征信号小、结构简单、运行可靠、电机的尺寸和形状灵活多样等特点，能够有效降低潜艇噪音，运行可靠，与国外最先进的同类产品相比，永磁电机的功率大幅提升117%，基本上解决了柴电动力常规潜艇要定时上浮水面充电的问题，大大提高了水下续航能力，属于全球首创，已列入国家下一代潜艇应用计划。

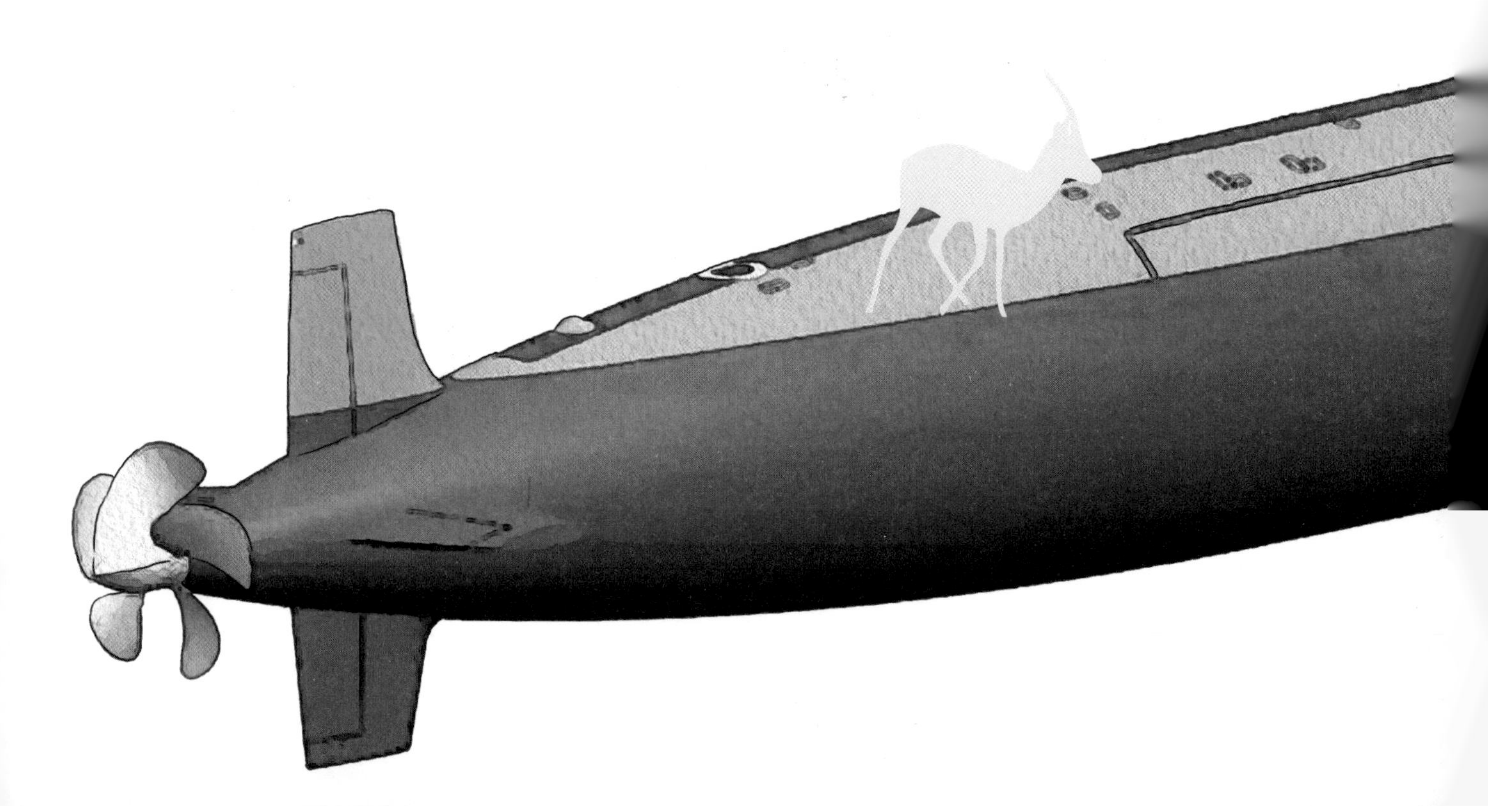

ཆུ་དིམ་དམག་གྲུ་ནི་ཆུ་འོག་འཕྲུལ་རྒོལ་གྱི་དཀྱིལ་སྙིང་སྟོབས་ཤུགས་ཡིན་པའི་ཆ་ནས། ངེས་པར་དུ་ཁུ་སིམ་མོར་སྐྱོད་པ་དང་དུས་ཡུན་རིང་པོར་དིམ་སྐྱོད་བྱེད་པའི་ནུས་པ་ལྡན་ན། ད་གཟོད་མཚོ་ངོས་ཀྱི་དམག་གྲུར་ཏུ་སྦྲིག་པ་དང་མཁའ་དབྱིངས་ཀྱི་རྟུང་རྗེག་ཏུ་སྦྲིག་པར་ལྡངས་གཟུགས་ཅན་གྱི་ཕར་རྒོལ་དྲ་རྒྱ་གྲུབ་སྟེ། དེང་རབས་ཅན་གྱི་མཚོ་ཐོག་དམག་འཐབ་ཀྱི་ལས་ཆོད་ནུས་ལྡན་གྱིས་རྗེ་མཐོར་གཏོང་ཐུབ། སྐུལ་ཤུགས་མ་ལག་ནི་ཆུ་དིམ་དམག་གྲུ་ཆོད་འཛིན་བྱས་ཏེ་ཐག་རིང་ལ་ཕར་རྒོལ་བྱེད་པའི་འཕྲུལ་ཆས་ཤིག་དང་། དེ་ནི་ཐོག་མཐའ་བར་གསུམ་དུ་རྒྱལ་ཁབ་སོ་སོས་འགག་སྒྲོལ་དང་ལེགས་བཅོས་བྱེད་པའི་ལྷུ་ལག་གལ་ཆེན་ཞིག་ཡིན། འོན་ཀྱང་ཆུ་དིམ་དམག་གྲུའི་ལག་རྩལ་ལ་རྙོག་འཛིང་རང་བཞིན་དང་དཀའ་ངལ་རང་བཞིན་ལྡན་ཞིང་། དེ་བཞིན་དུ་ཞིབ་བཟོ་བྱེད་པའི་དུས་ཡུན་རིང་བ་དང་། མ་དངུལ་གཏོང་ཚད་ཆེ་བ་སོགས་ཀྱི་དབང་གིས་ཆུ་དིམ་དམག་གྲུའི་སྐུལ་ཤུགས་མ་ལག་སྔར་བཞིན་ཁྲའི་གློག་སྐུལ་ཤུགས་དང་ཉིང་རྫུལ་སྐུལ་ཤུགས་གཙོ་བོར་བྱེད་པའི་དུས་རིམ་ཞིག་ཏུ་སླེབས་ཡོད།

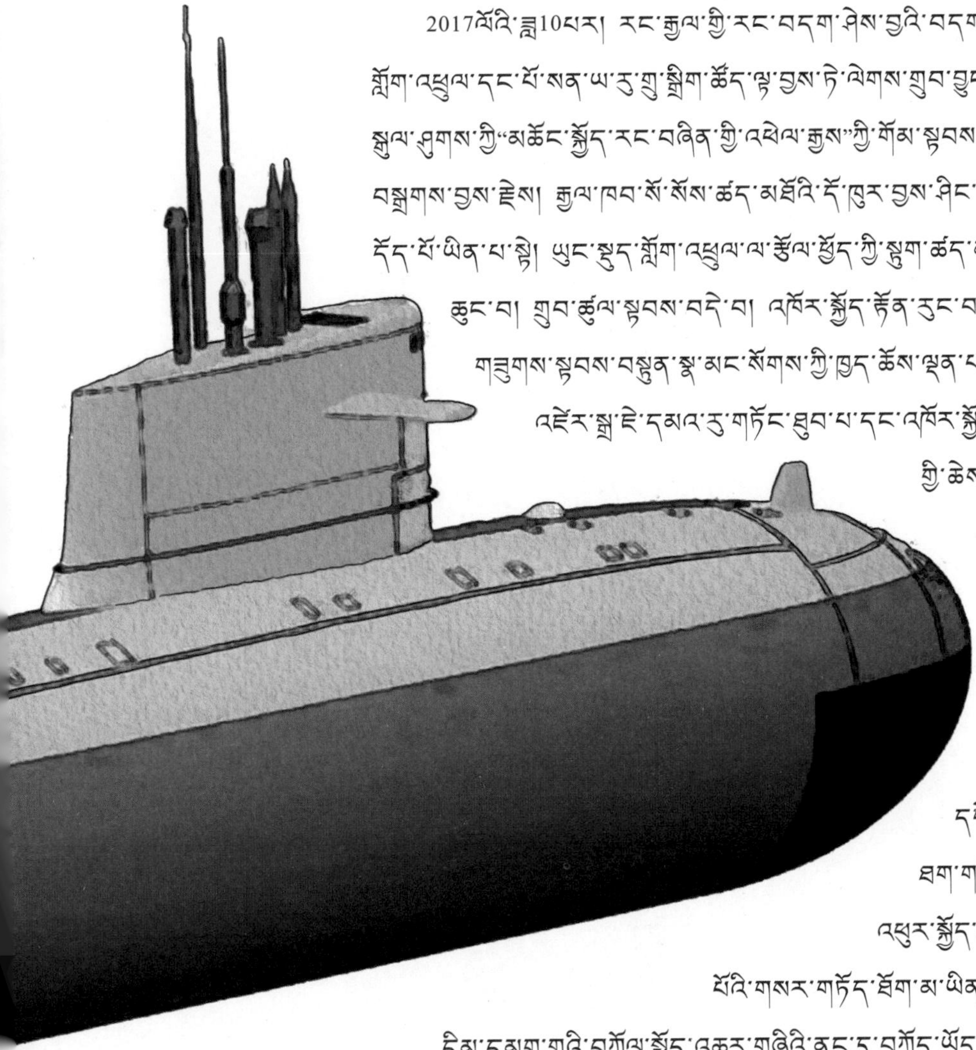

2017ལོའི་ཟླ10པར། རང་རྒྱལ་གྱི་རང་བདག་ཤེས་བྱའི་བདག་དབང་ཡོངས་སུ་ལྡན་པའི་ཡུང་སྟུད་གློག་འཕྲུལ་དང་པོ་སན་ཡ་ཏུ་གྲུ་སྦྲིག་ཆོད་ལྟ་བྱས་ཏེ་ལེགས་གྲུབ་བྱུང་ཞིང་། དེ་ནི་རང་རྒྱལ་གྱི་དམག་གྲུའི་སྐུལ་ཤུགས་ཀྱི"མཆོང་སྐྱོད་རང་བཞིན་གྱི་འཕེལ་རྒྱས"ཀྱི་གོམ་སྟབས་གལ་ཆེན་ཞིག་ཡིན། གནས་ཚུལ་ཁྲབ་བསྒྲགས་བྱས་རྗེས། རྒྱལ་ཁབ་སོ་སོས་ཚད་མཐོའི་ངོ་ཁུར་བྱས་ཤིང་། དེའི་དགེ་མཚན་ཡང་མངོན་གསལ་ངོད་པོ་ཡིན་པ་སྟེ། ཡུང་སྟུད་གློག་འཕྲུལ་ལ་རྩོལ་ཕྱོད་ཀྱི་སྟུག་ཚད་མཐོ་བ་དང་ཁྱད་རྟགས་ཀྱི་བརྡ་རྟགས་ཆུང་བ། གྲུབ་ཚུལ་སྟབས་བདེ་བ། འཁོར་སྐྱོད་རྟོན་ཉུང་བ། གློག་འཕྲུལ་གྱི་ཆེ་ཆུང་དང་དབྱིབས་གཟུགས་སྟབས་བསྟུན་སྣ་མང་སོགས་ཀྱི་ཁྱད་ཆོས་ལྡན་པས། ནུས་ལྡན་སྔོས་ཆུ་དིམ་དམག་གྲུའི་འཛེར་སྣ་རྗེ་དམའ་ཏུ་གཏོང་ཐུབ་པ་དང་འཁོར་སྐྱོད་ལ་ནློས་འགེལ་ཆོག་པ་ཡིན། ཕྱི་རྒྱལ་གྱི་ཆེས་སྔོན་ཐོན་གྱི་རིགས་གཅིག་ཐོན་རྫས་དང་བསྡུར་ན། ཡུང་སྟུད་གློག་འཕྲུལ་གྱི་རྩོལ་ཕྱོད117%ཆེས་ཆེར་འཕར་ནས་ཁྲའི་གློག་སྐུལ་ཤུགས་ཀྱི་རྒྱུན་གཏན་ཆུ་དིམ་དམག་གྲུས་དུས་བཀག་ལྟར་ཆུ་ངོས་སུ་གློག་གསོག་དགོས་པའི་གནད་དོན་གཞི་རྩའི་ཆ་ནས་ཐག་གཅོད་བྱས་པ་དང་། ཆུ་འོག་གི་ཡུན་རིང་འཕུར་སྐྱོད་ནུས་པ་རྗེ་མཐོར་ཕྱིན་ཞིང་། གོ་ལ་རྡིལ་པོའི་གསར་གཏོད་ཐོག་མ་ཡིན་པས། རྒྱལ་ཁབ་ཀྱི་རབས་རྗེས་མའི་ཆུ་དིམ་དམག་གྲུའི་བཀོལ་སྤྱོད་འཆར་གཞིའི་ནང་དུ་བཀོད་ཡོད་དོ། །

41 大口径SiC反射镜制造与加工技术

ཁ་ཞེང་ཆེ་བའིSiCཟློག་འཕྲོ་ཤེལ་བཟོ་སྐྲུན་དང་ལས་སྣོན་ལག་རྩལ།

大口径高精度非球面光学反射镜是高分辨率空间对地观测、深空探测和天文观测系统的核心元件，其制造技术水平对一个国家的基础科研、防灾减灾、公共安全、国家安全等领域具有重要意义，也是衡量一个国家高性能光学系统研制水平的重要标志。碳化硅陶瓷材料是国际光学界公认的高稳定性光学反射镜材料，采用碳化硅材料可大幅提高大口径成像系统的性能。

2018年，我国科学家攻坚克难，突破了大口径碳化硅反射镜镜坯研制技术、纳米精度加工工艺技术、改性镀膜技术，成功研制了4米量级高精度SiC非球面反射镜集成制造系统，打破了当今世界只有欧美等国能研制3米以上口径空间望远镜的局面，形成了具备自主知识产权的4米量级大口径反射镜研制能力，填补了多项国内空白，大幅提升了我国高性能大型光学仪器的研制水平。这标志着我国光学系统制造能力已跻身国际先进水平，为我国大口径光电装备跨越升级奠定了坚实的基础。

ཁ་ཞེང་ཆེ་ཞིང་ཞིབ་ཚད་མཐོ་བའི་རླུམ་ངོས་ཀྱི་འོད་རིག་ལྦུག་འཕྲོ་ཤེལ་ནི་དཔེ་འབྱེད་ཚད་མཐོ་བའི་བར་སྟོང་གིས་ས་ངོས་ལ་ལྟ་ཞིབ་ཚད་ལེན་དང་། བར་སྣང་འཚོལ་ཞིབ། གནམ་དཔྱད་ལྟ་ཞིབ་མ་ལག་བཅས་ཀྱི་ལྷུ་ལག་གཙོ་བོ་ཞིག་ཡིན་པ་དང་། དེའི་བཟོ་སྐྲུན་ལག་རྩལ་ཚུ་ཚད་ནི་རྒྱལ་ཁབ་ཅིག་གི་རྨང་གཞིའི་ཚན་ཞིབ་དང་གནོད་འགོག་གནོད་སེལ། སྤྱི་པའི་བདེ་འཇགས། རྒྱལ་ཁབ་བདེ་འཇགས་སོགས་ཁྱབ་ཁོངས་ལ་དོན་སྙིང་གལ་ཆེན་ལྡན། རྒྱལ་ཁབ་ཅིག་གི་གཤིས་ནུས་མཐོ་བའི་འོད་རིག་མ་ལག་ཞིབ་འཇུག་དང་ཚུ་ཚད་བརྟུར་ཞིབ་བྱེད་པའི་མཚོན་རྟགས་གལ་ཆེན་ཞིག་ཀྱང་ཡིན། ཐྲན་འགྱུར་སྲིལ་རྫའི་རྒྱུ་ཆ་ནི་རྒྱལ་སྤྱིའི་འོད་རིག་པའི་ལས་རིགས་ཀྱིས་ཁས་ལེན་པའི་བརྟན་བརླིང་རང་བཞིན་གྱི་འོད་རིག་པའི་ལྦུག་འཕྲོའི་མེ་ལོང་གི་རྒྱུ་ཆ་ཡིན་ལ། ཐྲན་སྲིལ་རྫ་ཆས་རྒྱུ་ཆ་ནི་རྒྱལ་སྤྱིའི་འོད་རིག་པའི་ལས་རིགས་སུ་ཀུན་གྱིས་ཁས་ལེན་པའི་བརྟན་བརླིང་རང་བཞིན་མཐོ་བའི་འོད་རིག་ལྦུག་འཕྲོའི་ཤེལ་གྱི་རྒྱུ་ཆ་ཡིན་ལ། ཐྲན་འགྱུར་སྲིལ་རྒྱུ་ཆ་སྤྱད་ན་ཁ་ཞེང་ཆེ་བའི་བརྙན་གྲུབ་མ་ལག་གི་གཤིས་ནུས་ཇེ་མཐོར་གཏོང་ཐུབ།

2018ལོར། རང་རྒྱལ་གྱི་ཚན་རིག་པས་འགག་སྒྲོལ་དཀའ་སེལ་བྱས་ཏེ། ཁ་ཞེང་ཆེ་བའི་ཐྲན་སྲིལ་ལྦུག་འཕྲོ་ཤེལ་ཞིབ་འཇུག་གསར་བཟོ་ལག་རྩལ་དང་ནུ་སྨི་ཞིབ་ཚད་ལས་སྟོན་བཟོ་རྩལ་ལག་རྩལ། སྒྱུར་གཤིས་སྐྱི་བྱུགས་ལག་རྩལ་བཅས་ལས་བརྒལ་ནས་སྨི4ཡན་གྱི་ཞིབ་ཚད་མཐོ་བའིSiCརླུམ་ངོས་མིན་པའི་ལྦུག་འཕྲོ་ཤེལ་བསྟུས་གྲུབ་བཟོ་སྐྲུན་མ་ལག་ཞིབ་བཟོ་བྱས་པ་དང་། དེང་སྐབས་འཛམ་གླིང་ཐོག་ཏུ་ཡོ་རོབ་དང་ཨ་མེ་རི་ཁ་སོགས་རྒྱལ་ཁབ་ཁོ་ནས་མ་གཏོགས་ཞེང་ཚད་སྨི3ཡན་གྱི་བར་སྣང་རྒྱང་ཤེལ་ཞིབ་བཟོ་བྱེད་མི་ཐུབ་པའི་གནས་བབ་བསྒྱུར་ནས། རང་བདག་ཤེས་བྱའི་བདག་དབང་ལྡན་པའི་ཞེང་ཚད་སྨི4ཡི་ལྦུག་འཕྲོའི་ཤེལ་ཆེན་པོ་ཞིབ་བཟོ་བྱེད་པའི་ནུས་པ་ལྡན་པ་དང་། རྒྱལ་ནང་གི་སྟོང་ཆ་མང་པོ་ཁ་སྐོང་དམ་ཁ་གསབ་བྱས། ཤུགས་ཆེན་པོས་རང་རྒྱལ་གྱི་ནུས་ཆེའི་འོད་རིག་དཔྱད་ཆས་ཆེ་གྲས་ཞིབ་བཟོ་བྱེད་པའི་ཚུ་ཚད་ཇེ་མཐོར་བཏང་ལ། རང་རྒྱལ་གྱི་འོད་རིག་མ་ལག་བཟོ་སྐྲུན་ནུས་པ་རྒྱལ་སྤྱིའི་སྔོན་ཐོན་ཚུ་ཚད་དུ་སླེབས་པ་མཚོན་ཞིང་། རང་རྒྱལ་གྱི་ཁ་ཞེང་ཆེ་བའི་འོད་སློག་སྒྲིག་ཆས་མཆོང་སྐྱོད་རིམ་སྤོར་བྱེད་པར་རྨང་གཞི་བརྟན་པོ་བཏིངས་ཡོད།

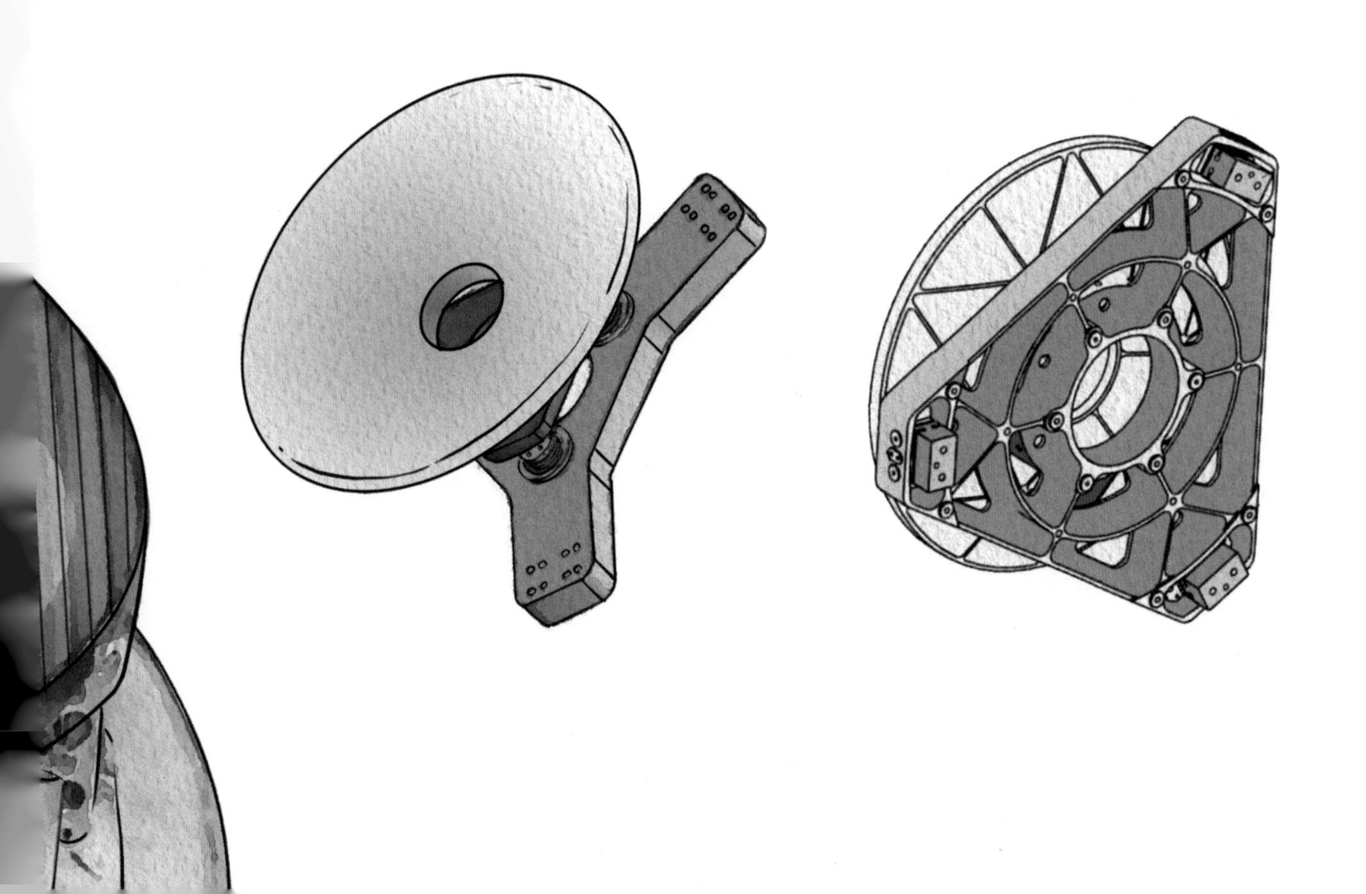

42 大型金属构件激光增材制造技术

ལྕགས་རིགས་རྫུ་ལག་ཆེ་གྲས་ཀྱི་ལྷ་ཟེར་རྒྱ་ཆ་འཕར་སྣོན་བཟོ་སྐྲུན་ལག་རྩལ།

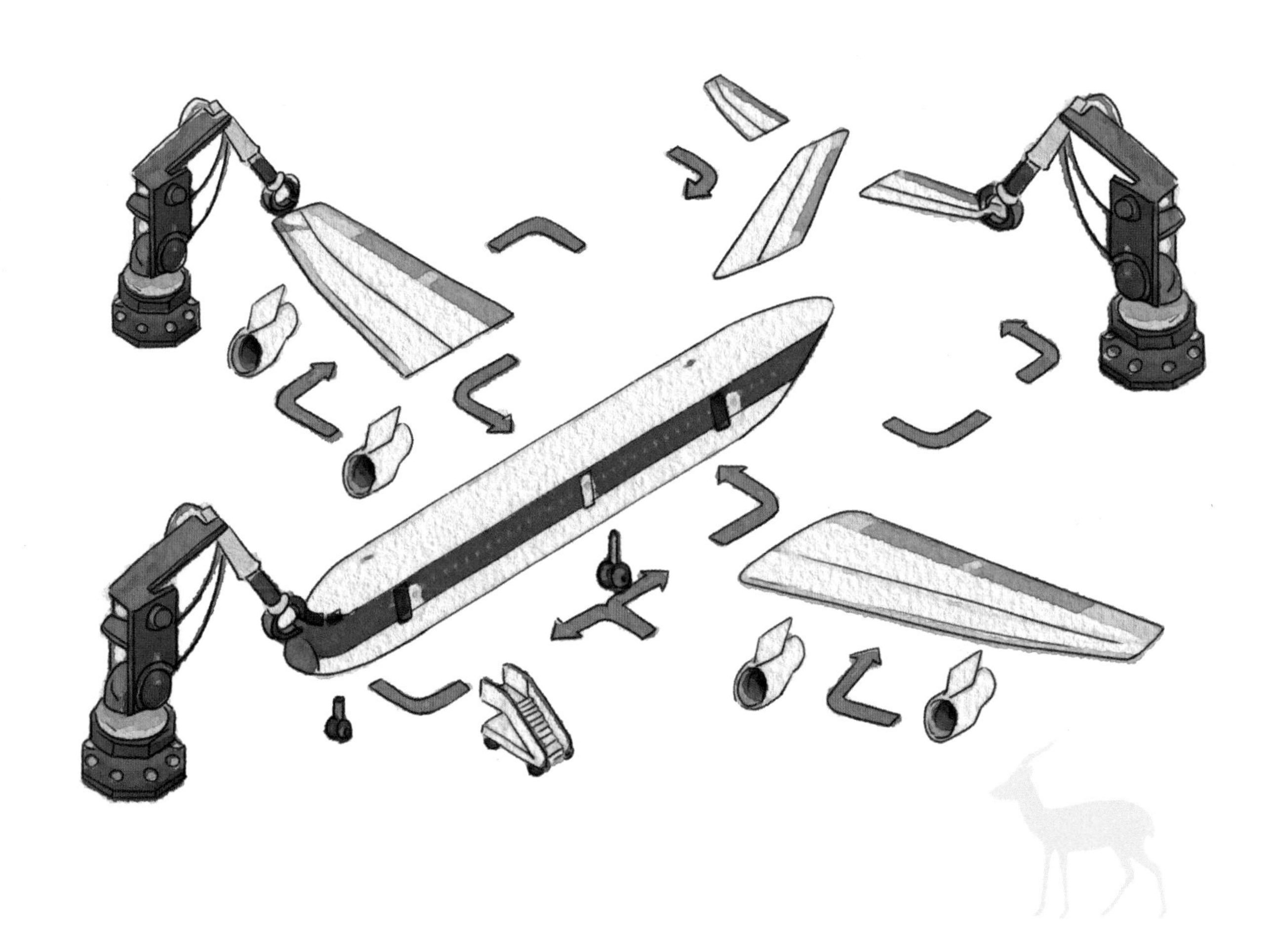

航空航天大型构件制造能力是体现国家综合国力和制造业水平的一个重要标志，其发展离不开具有轻量化、难加工、高性能等特征的航空航天金属构件。因此，钛合金、耐热合金等核心构件也逐渐朝着高参数、大型化、高可靠性等方面发展，尺寸逐渐增加，结构日益复杂，对制造技术提出更高的要求。

激光增材制造技术是集计算机软件、材料、机器、控制等交叉学科知识为一体的综合系统技术，它改变了传统金属零件的加工处理方式，为高性能、结构复杂的金属构件的设计与制造开辟了新的工艺技术路径，是制造技术原理的一次革命性突破。我国在国际上首次提出并突破了桥式可扩展多路沉积激光同步送粉增材制造工艺、装备等关键技术难题，研制出制造能力达7米×5米×3米的高紧凑可灵活扩展的桥式多路沉积激光增材制造装备，制造尺寸达世界之最。我国还建立了超大尺寸复杂整体金属主承力构件增材制造“变形开裂”“内部质量控制”新方法，实现了世界上投影面积最大高性能钛合金主承力构件的增材制造，有力支撑了我国航空航天重大型号的快速研制和更新换代，整体技术实现了国际领跑。

མཁའ་འགྲུལ་དང་དབྱིངས་སྐྱོད་ཀྱི་ལྷུ་ལག་ཆེ་གྲས་བཟོ་སྐྲུན་བྱེད་ནུས་ནི་རྒྱལ་ཁབ་ཀྱི་ཕྱོགས་བསྡུས་རྒྱལ་སྟོབས་དང་བཟོ་སྐྲུན་ལས་རིགས་ཀྱི་ཆུ་ཚད་མཚོན་བྱེད་ཀྱི་མཚོན་རྟགས་གལ་ཆེན་ཞིག་ཡིན་པ་དང་། དེའི་འཕེལ་རྒྱས་ནི་ཚད་འབེབས་ཡང་མོ་དང་ལས་སྟོན་དཀའ་བ། ནུས་པ་ཆེ་བ་སོགས་ཀྱི་ཁྱད་ཆོས་ལྡན་པའི་མཁའ་འགྲུལ་དང་དབྱིངས་སྐྱོད་ཀྱི་ལྷུགས་རིགས་ལྷུ་ལག་དང་ཁ་འབྲལ་ཐབས་མེད། དེ་བས། ཐེ་བསྲེས་ལྷུགས་དང་ཚ་ཐེག་བསྲེས་ལྷུགས་སོགས་གཙོ་བོ་ཡིན་པའི་ལྷུ་ལག་ཀྱང་རིམ་བཞིན་དཔྱད་གྲངས་མཐོ་བ་དང་ཆེ་གྲས་རང་བཞིན། རྟོན་ཏུང་རང་བཞིན་མཐོ་བ་སོགས་ཀྱི་ཕྱོགས་སུ་འཕེལ་རྒྱས་འབྱུང་བཞིན་ཡོད། ཆེ་ཆུང་རིམ་བཞིན་འཕར་སྟོན་དང་གྲུབ་ཚུལ་ཉིན་རེ་བཞིན་རྙོག་འཛིང་ཡིན་པས། བཟོ་སྐྲུན་ལག་རྩལ་ལ་སྔར་ལས་མཐོ་བའི་རེ་བ་བཏོན་ཡོད།

ལྷ་ཟེར་རྒྱུ་ཆ་འཕར་སྟོན་ལག་རྩལ་ནི་རྩིས་འཁོར་གྱི་མཉེན་ཆས་དང་རྒྱུ་ཆ། འཕྲུལ་ཆས། ཚོད་འཛིན་སོགས་རིག་ཚན་སྣོལ་འདྲེས་ཀྱི་ཤེས་བྱ་གཞི་གཅིག་ཏུ་འདུས་པའི་ཕྱོགས་བསྡུས་མ་ལག་གི་ལག་རྩལ་ཞིག་ཡིན། དེས་སྲོལ་རྒྱུན་གྱི་ལྷུགས་རིགས་ལྷུ་ལག་གི་ལས་སྟོན་དང་ཐག་གཅོད་བྱེད་སྟངས་བསྒྱུར་ཏེ། གཞིས་ནུས་མཐོ་བ་དང་གྲུབ་ཚུལ་རྙོག་འཛིང་ཆེ་བའི་ལྷུགས་རིགས་ལྷུ་ལག་འཆར་འགོད་དང་བཟོ་སྐྲུན་བྱེད་པར་བཟོ་རྩལ་ལག་རྩལ་གྱི་ཐབས་ལམ་གསར་བ་ཞིག་བསྟན་ཡོད། རང་རྒྱལ་གྱིས་རྒྱལ་སྤྱིའི་ཐོག་ཏུ་ཟམ་རྣམ་ལམ་མང་རྒྱ་སྐྱེད་ཆོག་པའི་དིམ་བསགས་ལྷ་ཟེར་དུས་མཚུངས་སུ་ཕྱེ་སྐྱེལ་རྒྱུ་སྟོན་གྱི་བཟོ་རྩལ་དང་སྒྲིག་ཆས་སོགས་འགག་རྩའི་ལག་རྩལ་གྱི་དཀའ་གནད་ཐོག་མར་སེལ་བར་མ་ཟད་ཐོད་རྒྱལ་བྱུང་བ་དང་། བཟོ་སྐྲུན་ནུས་པ་སྨི7×སྨི5×སྨི3མཐོ་ཚད་ཟིན་ཞིང་དམ་ཚགས་ཆེ་བའི་ཟམ་རྣམ་ལམ་མང་དིམ་བསགས་ལྷ་ཟེར་རྒྱུ་ཆ་བཟོ་བའི་སྒྲིག་ཆས་ཞིབ་བཟོ་བྱས་པས། བཟོ་སྐྲུན་ཚད་གཞི་འཛམ་གླིང་གི་ཡང་རྩེར་སླེབས་ཡོད། རང་རྒྱལ་གྱིས་དུ་དུང་ཚད་གཞི་ཆེ་ཞིང་རྙོག་འཛིང་ལྡན་པའི་ཆ་ཚང་བའི་ལྷུགས་རིགས་འདེགས་ཤུགས་ལྷུ་ལག་གི་རྒྱུ་ཆ་འཕར་སྟོན་ལྷུ་ལག་བཟོ་སྐྲུན་གྱི“དབྱིབས་འགྱུར་གས་ག”དང“ནང་ཁུལ་གྱི་སྲུས་ཚད་ཚོད་འཛིན”བྱེད་ཐབས་གསར་བ་བཙུགས་ཏེ། འཛམ་གླིང་སྟེང་གི་འཕྲོ་གཟུགས་རྒྱ་ཁྱོན་ཆེས་ཆེ་བ་དང་གཞིས་ནུས་མཐོ་བའི་ཐེ་བསྲེས་ལྷུགས་ཀྱི་སྨུལ་ཤུགས་ལྷུ་ལག་གཙོ་བོའི་རྒྱུ་ཆ་འཕར་སྟོན་བཟོ་སྐྲུན་མངོན་འགྱུར་བྱུང་བ་དང་། རང་རྒྱལ་གྱི་མཁའ་འགྲུལ་དང་དབྱིངས་སྐྱོད་ཀྱི་བཟོ་དབྱིབས་ཆེ་རིགས་ཀྱི་མགྱོགས་མྱུར་ཞིབ་བཟོ་དང་གསར་བཟོ་བྱེད་པར་འདེགས་སྐྱོར་ནུས་ལྡན་བྱས་ཤིང་། སྤྱི་ཡོངས་ཀྱི་ལག་རྩལ་ནི་རྒྱལ་སྤྱིའི་སྔ་ཁྲིད་ཐུབ་པར་མངོན་འགྱུར་བྱུང་ཡོད།

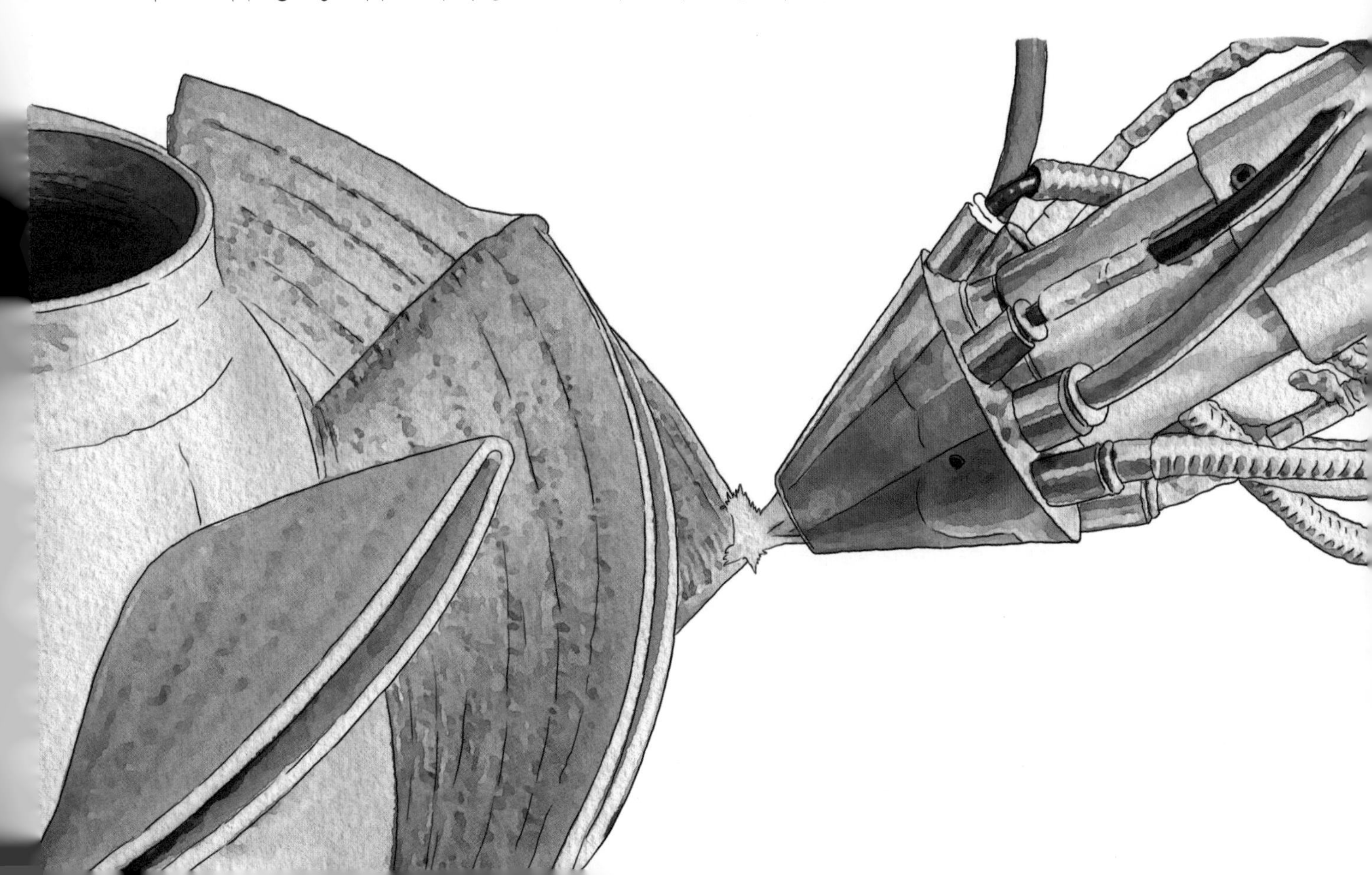

43 世界规模最大的垂直升船机

འཛམ་གླིང་གི་གཞི་ཁྱོན་ཆེས་ཆེ་བའི་དྲང་འཕྱང་གྲུ་འདེགས་འཕྲུལ་འཁོར།

大家都知道，上楼需要电梯，但肯定想不到，庞大的轮船也能坐电梯吧？在三峡大坝，“楼梯”就是船闸，而“电梯”则是升船机。这个被称为世界第一的升船机和五级船闸一起，形成三峡工程的双通道，为促进长江经济带沿线地区经济发展发挥了重要作用。

2016年，三峡升船机通航。作为三峡工程的“收官之作”，三峡升船机布置在枢纽工程的左岸，是三峡工程重要的通航设施之一。其过船规模为3000吨级，提升总重量约15500吨，最大提升高度为113米，采用齿轮齿条爬升式方案，为客船、货船和特种船舶提供快速过坝通道。别看升船机规模巨大，但工程建设、设备安装和运行的精度却特别高，误差通常控制在毫米级，确保了这个大家伙的质量安全和运行稳定。它的建成也大幅刷新了此前由比利时斯特勒比升船机保持的世界纪录，是目前世界上规模最大、技术难度最高的垂直升船机。

ཚང་མས་ཤེས་གསལ་ལྟར། ཐོག་ཁང་ལ་འགོས་ན་གློག་སྐས་དགོས་མོད། འོན་ཀྱང་བསམ་ཡུལ་ལས་འདས་པ་ཞིག་ནི། གྲུ་གཟིངས་ཆེན་པོའི་སྟེང་དུའང་གློག་སྐས་ལ་བསྡད་ན་ཆོག་གམ་ཞེ་ན། འབྲི་ཆུའི་འགག་གསུམ་གྱི་རགས་ཆེན་དུ“ཐོག་སྐས”ནི་གྲུ་སྒོ་ཡིན་པ་དང་། “གློག་སྐས”ནི་གྲུ་འདེགས་འཕྲུལ་ཆས་ཡིན། འཛམ་གླིང་ཨང་དང་པོར་གྲགས་པའི་གྲུ་འདེགས་འཕྲུལ་ཆས་དང་རིམ་ལྔའི་གྲུ་འགག་གཉིས་ཀྱིས་འབྲི་ཆུའི་འགག་གསུམ་བཟོ་སྐྲུན་ལམ་ཆེན་གཉིས་གྲུབ་ཅིང་། དེས་འབྲི་ཆུའི་དཔལ་འབྱོར་རྒྱུད་ཀྱི་ལམ་རྒྱུད་ས་ཁུལ་གྱི་དཔལ་འབྱོར་འཕེལ་རྒྱས་ལ་སྐུལ་འདེད་ནུས་པ་གལ་ཆེན་ཐོན་ཡོད།

2016ལོར། འགག་གསུམ་གྱི་གྲུ་འདེགས་གནམ་གྲུ་ཤར་གཏོང་བྱས་ཤིང་། འབྲི་ཆུའི་འགག་གསུམ་བཟོ་སྐྲུན་གྱི“མཇུག་བསྡུའི་བརྩམས་ཆོས”ཡིན་པའི་ཆ་ནས། འབྲི་ཆུའི་འགག་གསུམ་གྲུ་འདེགས་འཕྲུལ་འཁོར་ནི་འགག་རྩའི་བཟོ་སྐྲུན་གྱི་གཡོན་ངོགས་སུ་བཀོད་སྒྲིག་བྱས་ཡོད་ཅིང་། དེ་ནི་འབྲི་ཆུའི་འགག་གསུམ་བཟོ་སྐྲུན་གྱི་གྲུ་གཟིངས་ཤར་གཏོང་སྒྲིག་བཀོད་གལ་ཆེན་གྲས་ཀྱི་གཅིག་ཡིན། གྲུ་གཟིངས་བརྒལ་བའི་གཞི་ཁྱོན་ནི་ཏོན3000ཡིན་ལ། སྤྱིའི་ལྗིད་ཚད་ཏོན15500ཙམ་ཇེ་མཐོར་ཕྱིན་པ་དང་། ཆེས་མཐོ་བའི་མཐོ་ཚད་ནི་སྨི113ཡིན། སོ་འཁོར་གྱི་སོ་ཕྲེང་དུ་འགོ་བའི་ཐུས་གཞི་སྤྱད་དེ་འགྲུལ་སྐྱེལ་གྲུ་གཟིངས་དང་ཟོག་གྲུ། དམིགས་བསལ་གྲུ་གཟིངས་སོགས་མྱུར་དུ་ཆུ་རགས་ལས་བརྒལ་བའི་ལམ་ཆེན་མགོ་འདོན་བྱས་ཡོད། གྲུ་འདེགས་འཕྲུལ་འཁོར་གྱི་གཞི་ཁྱོན་ཧ་ཅང་ཆེ་ན་ཡང་། ལས་གྲྭའི་འཛུགས་སྐྲུན་དང་སྒྲིག་ཆས་སྒྲིག་སྦྱོར། འཁོར་སྐྱོད་བཅས་ཀྱང་ཞིབ་ཚད་ཧ་ཅང་མཐོ་ལ། ཁྱད་པར་རྒྱུན་དུ་ཧའོ་སྨི་རིམ་པར་ཚོད་འཛིན་བྱས་ཏེ། སྤུས་ཚད་བདེ་འཇགས་དང་འཁོར་སྐྱོད་བརྟན་པོ་ཡོང་བར་འགན་ལེན་བྱས་ཡོད། དེ་ཉིད་བསྐྲུན་པས་སྔོན་ཆད་ཀྱི་པེར་ཀྲེམ་གྱི་སི་ཐེ་ལེ་པི་ཧྲེང་གྲུ་གཟིངས་འཕྲུལ་འཁོར་གྱིས་རྒྱུན་འཛིན་བྱས་པའི་འཛམ་གླིང་གི་ཟིན་ཐོ་གསར་པ་བཏོད་པ་དང་། དེ་ནི་མིག་སྔར་འཛམ་གླིང་སྟེང་གི་གཞི་ཁྱོན་ཆེས་ཆེ་བ་དང་ལག་རྩལ་གྱི་དཀའ་ཚད་ཆེས་མཐོ་བའི་དྲང་འཕྱང་གྲུ་འདེགས་འཕྲུལ་འཁོར་ཡིན།

44 7.5米海洋竖向复合式掘进机

སྨི7.5ཡི་རྒྱ་མཚོའི་གྱེན་ཕྱོགས་འདྲེས་སྦྱོར་རྣམ་པའི་རྐོ་འབྲུའི་འཕྲུལ་འཁོར།

被世界称为“基建狂魔”的中国，在大型机械装备上不断取得重大突破。超大直径盾构机、重型绞吸船等国之重器不断走向世界舞台，见证着我们国家的制造实力。2020年，国内首台7.5米海洋竖向复合式掘进机的研制成功，实现了国内大直径海上嵌岩竖向掘进机零的突破，又为中国制造锦上添花。

海上风电超大直径桩基础嵌岩设备是目前行业内亟须的施工设备，能满足未来大容量风电桩基施工的应用需求。我国研制的海洋竖向复合式掘进机，是集掘进机技术、流体、电气、液压、智能化施工管理等技术于一体的重大海工装备，主要应用于风电桩施工、竖井施工、桩基和人工岛屿的桩基建设。采用气举反循环法排渣，配备智能化钻进系统，入岩后成孔垂直度控制在1%以内。首创加压钻进工法，最大下压力达6000千牛，最大提升力达9000千牛，采用变频电机驱动形式，具有嵌岩施工80米深度的能力，成为我国“下海”“入地”的新利器。

འཛམ་གླིང་གིས“རྒྱང་གཞིའི་འཛུགས་སྐྲུན་མཁན་པོ”ཞེས་འབོད་པའི་ཀྲུང་གོ་ནས། འཕྲུལ་ཆས་སྒྲིག་ཆས་ཆེ་གྲས་ལ་ཐོད་རྒལ་གལ་ཆེན་བྱུང་ཡོད་དེ། ཚངས་ཐིག་ཆེ་བའི་ཤུབ་གྲུབ་འཕྲུལ་འཁོར་དང་འཐིག་འཛིབ་གྲུ་གཟིངས་ཆེ་གྲས་སོགས་རྒྱལ་ཁབ་ཀྱི་གལ་ཆེའི་འཕྲུལ་ཆས་རྒྱུན་ཆད་མེད་པར་འཛམ་གླིང་གི་གར་སྟེགས་སྟེང་དུ་བསྐྱོད་དེ་རང་རེའི་རྒྱལ་ཁབ་ཀྱི་བཟོ་སྐྲུན་ནུས་སྟོབས་བདེན་དཔང་བྱེད་བཞིན་ཡོད། 2020ལོར་རྒྱལ་ནང་གི་སྨི7.5ཡི་རྒྱ་མཚོའི་གྲིབ་ཕྱོགས་འདྲེས་སྦྱོར་རྣམ་པའི་ཀོ་འདྲུའི་འཕྲུལ་འཁོར་ཐོག་མ་ཞིབ་བཟོ་ལེགས་གྲུབ་བྱུང་བས། རྒྱལ་ནང་གི་ཚངས་ཐིག་ཆེན་པོའི་མཚོ་ཐོག་བྲག་རྡོ་གྲིན་དུ་བཀོ་བའི་འཕྲུལ་འཁོར་མེད་པའི་གནས་བབ་ལས་ཐོད་རྒལ་བྱུང་བར་མ་ཟད། ཀྲུང་གོའི་བཟོ་སྐྲུན་ལ་ཡག་ཐོག་ཡག་བརྩེགས་ཀྱིས་བརྒྱན་ཡོད།

མཚོ་ཐོག་རླུང་སྒློག་གི་ཚངས་ཐིག་ཤུར་ཆེན་གྱི་རྒྱང་གཞིའི་བྲག་གཏོར་སྒྲིག་ཆས་ནི་མིག་སྔའི་ལས་རིགས་ནང་དུ་མགོ་ཆེའི་ཨར་ལས་སྒྲིག་ཆས་ཤིག་ཡིན་པས། མ་འོངས་པའི་ཤོང་ཚད་ཆེ་བའི་རླུང་སྒློག་ཤུར་གཞིའི་ཨར་ལས་ཀྱི་བཀོལ་སྤྱོད་དགོས་མགོ་སྐོང་ཐུབ་པ་ཡིན། རང་རྒྱལ་གྱིས་ཞིབ་བཟོ་བྱས་པའི་རྒྱ་མཚོའི་གཞུང་ཕྱོགས་འདྲེས་སྦྱོར་རང་བཞིན་གྱི་ཀོ་འདྲུའི་འཕྲུལ་འཁོར་ནི་ཀོ་འདྲུའི་འཕྲུལ་འཁོར་གྱི་ལག་རྩལ་དང་རྒྱུག་གཟུགས། སློག་ཤུགས། གཉེར་གཙོན། རིག་ནུས་ཅན་གྱི་ཨར་ལས་དོ་དམ་སོགས་ལག་རྩལ་གཞི་གཅིག་ཏུ་འདུས་པའི་མཚོ་ཐོག་བཟོ་ལས་སྒྲིག་ཆས་གལ་ཆེན་ཞིག་ཡིན། འདི་ནི་གཙོ་བོར་རླུང་སྒློག་ཤུར་བ་ཨར་ལས་དང་ཁྲིན་གཞུང་ལས་གཉེར། ཤུར་གཞི་དང་མིས་བཟོས་གླིང་ཕྲན་གྱི་ཤུར་གཞི་འཛུགས་སྐྲུན་བཅས་ལ་བཀོལ་བཞིན་ཡོད། དེར་རླུང་འདྲེན་འཁོར་རྒྱུག་སྟོག་པའི་བྱེད་ཐབས་སྤྱད་དེ་སྐྱིགས་རོ་ཕྱིར་འབུད་དང་རིག་ནུས་ཅན་གྱི་འབིག་འཇུལ་མ་ལག་སྒྲིག་སྦྱོར་བྱས་ནས། བྲག་རྡོའི་ནང་དུ་འཇུལ་རྗེས་ཁུང་བུའི་དྲང་འཕྱུང་ཚད1%ནང་ཚུན་དུ་ཚོད་འཛིན་བྱེད་པ་ཡིན། ཐོག་མར་གནོན་ཤུགས་འབིག་འཇུལ་བཟོ་ལས་ཀྱི་བྱེད་ཐབས་གསར་གཏོད་ཉིའུ6000ཟིན་པ་བྱས་པ་དང་། གནོན་ཤུགས་ཆེ་ཤོས་ནི་སྟོང་དང་མཐོར་འདེགས་ནུས་པ་ཆེ་ཤོས་ནི་སྟོང་ཉིའུ9000ཡིན། ཟློས་འགྱུར་སློག་འཕྲུལ་གྱི་སྐྱུལ་འདེད་རྣམ་པ་སྤྱད་པས། བྲག་རྡོ་ཨར་ལས་ཀྱི་གཏིང་ཚད་སྨི80བཀོ་བའི་ནུས་པ་ལྡན་ཞིང་། རང་རྒྱལ་གྱི“མཚོ་ཐོག་ཏུ་སྐྲོད་པ”དང“སའི་ནང་དུ་འཇུལ་བའི”མཚོན་ཆ་གསར་བ་ཞིག་ཏུ་གྱུར་ཡོད།

45 超超临界燃煤发电机组

འགྱུར་མཚམས་ལས་བརྒལ་བའི་རྡོ་སོལ་སྦར་བའི་གློག་འདོན་འཕྲུལ་ཆས།

随着燃煤装机总量的增加，我国面临严峻的经济与资源、环境与发展的挑战。与洁净煤发电技术相比，提高燃煤机组效率、减少总用煤量、降低污染物排放量，实现可持续发展，超超临界燃煤发电机组是最好的途径之一。什么是燃煤超超临界呢？在通常情况下，燃煤发电是通过产生高温高压的水蒸气来推动汽轮机发电的，蒸汽的温度和压力越高，发电的效率就越高。如果温度和气压升高到600摄氏度、25至28兆帕压力区间，就进入了超超临界的“境界”。

可喜的是，我国投产的600 兆瓦等级超临界和超超临界燃煤发电机组已超过600台，投产的1000 兆瓦级超超临界机组已超过150台，机组参数、机组数量、能效指标均进入世界先进行列。而我国拥有世界上参数最高的超超临界二次再热机组，供电煤耗低至每千瓦时263克，投运的世界首台600 兆瓦超临界循环流化床机组、大型循环流化床锅炉技术已经达到世界领先水平。

རྡོ་སོལ་སྦར་བའི་གློག་འདོན་འཕྲུལ་འཁོར་གྱི་སྤྱི་འཐོར་འཕར་སྟོན་བྱུང་བ་དང་བསྟུན་ནས། རང་རྒྱལ་ནི་དཔལ་འབྱོར་དང་ཐོན་ཁུངས། ཁོར་ཡུག་དང་འཕེལ་རྒྱས་བཅས་ཀྱི་འགྲན་སློང་ཆེན་པོར་འཕྲད་ཡོད་དེ། རྡོ་སོལ་གཙང་མའི་གློག་གཏོང་ལག་རྩལ་དང་བསྟུར་ན། རྡོ་སོལ་འཕྲུལ་འཁོར་ཚན་པའི་ལས་ཕྱོད་ཇེ་མཐོར་གཏོང་བ་དང་། སྤྱིའི་རྡོ་སོལ་སྤྱོད་ཚད་ཇེ་ཉུང་དུ་གཏོང་བ། སྦགས་བཙོག་དངོས་པོ་འབུད་ཚད་ཇེ་དམའ་རུ་གཏོང་བ། རྒྱུན་མཐུད་འཕེལ་རྒྱས་བཅས་མངོན་འགྱུར་ཡོང་དགོས་ན། འགྱུར་མཚམས་ལས་བརྒལ་བའི་རྡོ་སོལ་སྦར་བའི་གློག་འདོན་འཕྲུལ་ཚན་ནི་ཐབས་ལམ་ཡག་ཤོས་ཀྱི་གྲས་ཤིག་ཡིན་ཏེ། ཅི་ཞིག་ལ་རྡོ་སོལ་སྦར་བའི་ཐོད་རྒལ་འགྱུར་མཚམས་ཟེར་རམ་ཞེ་ན། རྒྱུན་ལྡན་གྱི་གནས་ཚུལ་འོག་ཏུ། རྡོ་སོལ་སྦར་ནས་གློག་འདོན་པ་ནི་དྲོད་མཐོའི་མཐོ་གནོན་གྱི་ཆུ་རླངས་བྱུང་བར་བརྟེན་ནས་རླངས་སྐྱུལ་འཕྲུལ་འཁོར་གྱིས་གློག་བཏོན་པ་ཡིན། རླངས་པའི་དྲོད་ཚད་དང་གནོན་ཤུགས་ཇི་ལྟར་མཐོ་ན་གློག་འདོན་པའི་ལས་ཆོད་དེ་ལྟར་མཐོ་ལ། གལ་ཏེ་དྲོད་ཚད་དང་རླུང་གནོན་ཏེ་ཏེ་ཧྲུའུ600དང་། ཀྲའོ་ཕ25ནས28གནོན་ཤུགས་ཀྱི་བར་མཚམས་སུ་སླེབས་ཚེ། ཐོད་རྒལ་འགྱུར་མཚམས་ཀྱི"ཁམས"སུ་སླེབས་པ་ཡིན།

དགའ་འོས་པ་ཞིག་ལ། རང་རྒྱལ་གྱིས་ཐོན་སྐྱེད་བྱེད་མགོ་ཚུགས་པའི་ཀྲའོ་ཝ600རིམ་པའི་ཐོད་རྒལ་འགྱུར་མཚམས་དང་འགྱུར་མཚམས་ལས་བརྒལ་བའི་རྡོ་སོལ་སྦར་བའི་གློག་འདོན་འཕྲུལ་ཚན600ལས་བརྒལ་བ་དང་། ཀྲའོ་ཝ1000རིམ་པའི་འགྱུར་མཚམས་ལས་བརྒལ་བའི་འཕྲུལ་ཚན150ལས་བརྒལ་ཡོད་ཅིང་། འཕྲུལ་ཚན་གྱི་དཔྱད་གྲངས་དང་འཕྲུལ་འཁོར་གྱི་གྲངས་འབོར། ནུས་རྒྱུའི་དམིགས་ཚད་བཅས་ཚང་མ་འཛམ་གླིང་གི་སྔོན་ཐོན་གྲས་སུ་སླེབས་ཡོད། རང་རྒྱལ་ལ་འཛམ་གླིང་སྟེང་གི་ཞུགས་གྲངས་མཐོ་ཤོས་ཀྱི་འགྱུར་མཚམས་ལས་བརྒལ་བའི་ཐེངས་གཉིས་པའི་ཡང་བསྐྱར་ཚ་བའི་འཕྲུལ་ཚན་ཡོད་པར་མ་ཟད། གློག་འདོན་རྡོ་སོལ་ཟད་གྲོན་ནི་ཆན་ཝ་རེར་ཁེ263ལས་དམའ་བ་ཡིན། འཁོར་སྐྱོད་བྱེད་མགོ་ཚུགས་པའི་འཛམ་གླིང་སྟེང་གི་ཀྲའོ་ཝ600ཡི་འགྱུར་མཚམས་ལས་བརྒལ་བའི་འཁོར་རྒྱུག་ཅན་གྱི་འཕྲུལ་ཚན་ཐོག་མ་དང་། འཁོར་རྒྱུག་ཅན་གྱི་འཁོར་སྡེགས་ཆེ་གྲས་ཀྱི་ཁྲོ་ཐབ་ལག་རྩལ་ནི་འཛམ་གླིང་གི་སྔོན་ཐོན་ཆུ་ཚད་དུ་སླེབས་ཡོད་དོ། །

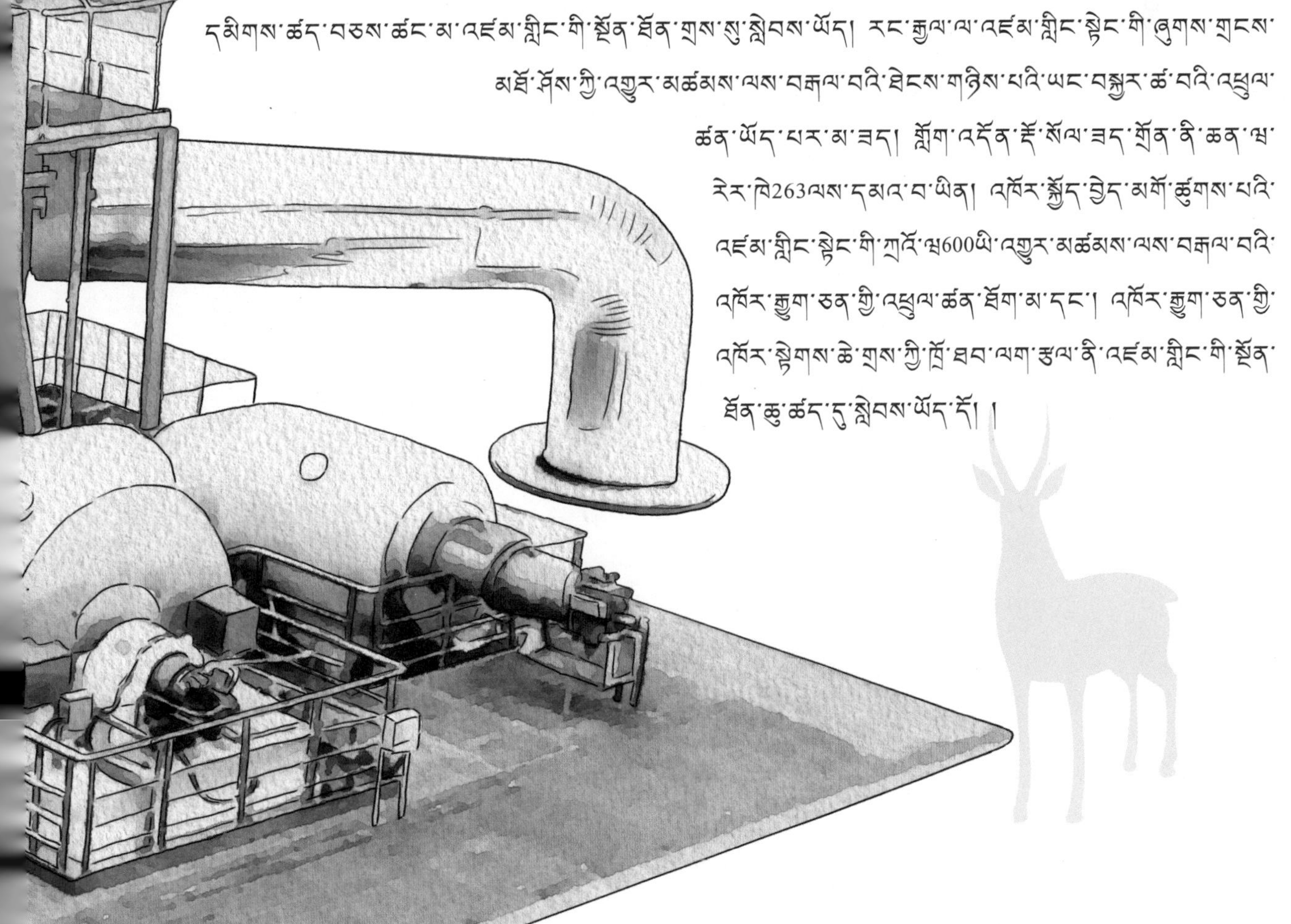

结　语

མཇུག་གི་གཏམ།

掩卷沉思，在一个个令世人瞩目的科技成果背后，是一代又一代科技工作者艰苦付出搭建的厚重基石，他们在攀登科技高峰的艰难旅程中，攻克多项世界级难题，为世界科技进步和人类文明的发展贡献出大国力量，实现了我国科技水平从“跟跑”到“并跑”到部分技术领域“领跑”的突破和跨越，擦亮了令国人骄傲、让世界惊艳的中国载人航天、中国基建、中国高铁、中国北斗、中国电商、中国新能源汽车、中国超算等“国家名片”，彰显出中国精度、中国速度、中国高度。但是，当前新一轮科技革命和产业变革突飞猛进，学科交叉融合不断发展，科学技术和经济社会发展加速渗透融合，在建设世界科技强国的新征程上，如果没有更为强劲的科技后进力量，没有薪火相传、新老交替的脉搏跳动，未来发展的道路便会困难重重。

少年兴则科技兴，少年强则国家强 。千秋作卷，山河为答，“故今日之责任，不在他人，而全在我少年”。青年是国家的希望，是民族的未来，护卫盛世中华，也全在我青年。在应对国际科技竞争、实现高水平科技自立自强、建设世界科技强国开启新征程之际，激发青少年好奇心、想像力、探求欲，培育具备科学家潜质、愿意为科技事业献身的青少年，展现“人人皆可成才、人人尽展其才”的生动局面，是实现中华民族伟大复兴的中国梦之希望所在，也是支撑科技强国建设的核心要素之一。

གླེགས་བམ་ཁ་ཟུམ་སྟེ་ཞིབ་ཏུ་བསམ་བློ་རེར་བཏང་ན། འཛམ་གླིང་སྐྱེ་བོ་ཀུན་གྱིས་དོ་སྣང་བྱེད་པའི་ཚན་རྩལ་གྲུབ་འབྲས་རེ་རེའི་རྒྱབ་ཏུ། རབ་དང་རིམ་པའི་ཚན་རྩལ་ལས་བྱེད་པས་དཀའ་སྤྱད་འབད་བརྩོན་བྱས་ནས་བསྐྲུན་པའི་མཐུག་ཅིང་ལྗི་བའི་སྙིང་རྗེ་རེ་རེ་ཡོད། ཁོ་ཚོ་ཚན་རྩལ་གྱི་ཡང་རྩེར་འཛེག་པའི་དཀའ་ཚེགས་ཆེ་བའི་འགྲུལ་བཞུད་ཁྲིད་དུ། འཛམ་གླིང་རིམ་པའི་དཀའ་གནད་མང་པོ་སེལ་ཏེ། འཛམ་གླིང་གི་ཚན་རྩལ་ཡར་ཐོན་དང་མིའི་རིགས་ཀྱི་ཤེས་རིག་གོང་དུ་འཕེལ་བར་རང་རེའི་རྒྱལ་ཁབ་ཆེན་པོའི་སྟོབས་ཤུགས་ཕུལ་ཏེ། རང་རྒྱལ་གྱི་ཚན་རྩལ་ཆུ་ཚད་དེ་"རྗེས་སུ་རྒྱུག་པ"ནས"མཉམ་དུ་རྒྱུག་པ"དང་ལག་རྩལ་ཁྱབ་ཁོངས་ཁག་ཅིག་གི"སྔོ་ཁྲིད་རྒྱུག་པ"བར་གྱི་ཚད་བཀལ་དང་མཆོང་སྐྱོད་མངོན་འགྱུར་བྱུང་བ་དང་། རྒྱལ་སྲིད་སྟོབས་པ་བསྐྱེད་པ་དང་འཛམ་གླིང་ཧྲང་སངས་དགོས་པའི"རྒྱལ་ཁབ་ཀྱི་མིང་བྱང"སྟེ་ཀྲུང་གོའི་མི་བཞུགས་འཛིག་རྟེན་འཕུར་སྐྱོད་དང་། ཀྲུང་གོའི་སྣང་གཞིའི་སྒྲིག་བཀོད་འཛུགས་སྐྲུན། ཀྲུང་གོའི་མྱུར་བགྲོད་ལྕགས་ལམ། ཀྲུང་གོའི་བྱང་སྐར་སྒྲུབ་བདུན། ཀྲུང་གོའི་གློག་རྡུལ་སྟོང་དོན། ཀྲུང་གོའི་ནུས་རྒྱུ་གསར་བའི་རླངས་འཁོར། ཀྲུང་གོའི་རིམ་འདས་རྩིས་རྒྱག་སོགས་བྱུང་སྟེ། ཀྲུང་གོའི་ཞིབ་ཚད་དང་ཀྲུང་གོའི་མྱུར་ཚད། ཀྲུང་གོའི་མཐོ་ཚད་བཅས་མངོན་པར་མཚོན་ཡོད། འོན་ཀྱང་མིག་སྔར་གྱི་རིམ་པ་གསར་པའི་ཚན་རྩལ་གསར་བརྗེ་དང་ཐོན་ལས་འཕོ་འགྱུར་བྱ་འཕུར་བ་ལྟར་གོང་དུ་འཕེལ་བཞིན་ཡོད་པ་དང་། རིག་གཞུང་ཚན་ཁག་བསྡོལ་བསྡེབས་མཉམ་འདྲེས་ཟམ་མི་ཆད་པར་འཕེལ་རྒྱས་སུ་འགྲོ་བ། ཚན་རིག་ལག་རྩལ་དང་དཔལ་འབྱོར་སྤྱི་ཚོགས་འཕེལ་རྒྱས་ཀྱི་མཉམ་འདྲེས་ཇེ་མགྱོགས་སུ་སོང་བའི་སྐབས་ཀྱིས། འཛམ་གླིང་གི་ཚན་རྩལ་སྟོབས་ལྡན་རྒྱལ་ཁབ་འཛུགས་སྐྲུན་བྱེད་པའི་རྒྱང་སྐྱོད་ཀྱི་ལམ་དུ་གསར་བའི་སྟེང་དུ། གལ་ཏེ་ཚན་རྩལ་གྱི་རྗེས་སྐྱོད་སྟོབས་ཤུགས་སྟེར་བས་ཆེན་པོ་མེད་པ་དང་། ཞིང་ཟད་མེ་བརྒྱུད་དང་རྙིང་ཚབ་གསར་མཐུད་ཀྱི་འཕར་རྩ་འགྲུལ་རྒྱུར་མེད་ཚེ། འབྱུང་འགྱུར་འཕེལ་རྒྱས་ཀྱི་ལམ་བུར་དཀའ་ངལ་མང་པོ་འཕྲད་སྲིད་ངེས།

ཇི་སྐད་དུ། ན་ཆུང་དར་ན་ཚན་རྩལ་དར། ན་ཆུང་སྟོབས་ན་རྒྱལ་ཁབ་སྟོབས་ཞེས་དང་། ལོ་ཟེ་སྟོང་ཕྲག་རིང་དུ་བྲིས་པའི་རི་མོ། དོན་གྱི་བརྗོད་བྱར་རི་དང་གཙང་པོ་ཡིན་ཞེས་དང་། "དེར་བརྟེན་དེ་རིང་གི་འགན་འཁྲི་ནི་མི་གཞན་ལ་མེད། ངེད་ན་གཞོན་ཡོངས་ལ་ཡོད"ཅེས་པ་བཞིན། ན་གཞོན་ནི་རྒྱལ་ཁབ་ཀྱི་རེ་བ་ཡིན་པ་དང་། མི་རིགས་ཀྱི་མ་འོངས་པ་ཡིན་པས། བསྐལ་བཟང་དུས་ཀྱི་ཀྲུང་ཧྭ་སྤུང་སྐྱོང་བྱ་རྒྱུ་དེའང་ང་ཚོའི་ན་གཞོན་འགན་དུ་བབས་ཡོད། དེ་ཡང་རྒྱལ་སྤྱིའི་ཚན་རྩལ་འགྲན་རྩོད་ལ་ཁ་གཏད་འཛུལ་བ་དང་། ཆུ་ཚད་མཐོ་བའི་ཚན་རྩལ་རང་ཚུགས་རང་སྟོབས་མངོན་འགྱུར་བྱུང་བ། འཛམ་གླིང་གི་ཚན་རྩལ་སྟོབས་ལྡན་རྒྱལ་ཁབ་འཛུགས་སྐྲུན་བཅས་ཀྱི་རྒྱང་སྐྱོད་ལམ་དུ་གསར་བ་འབྱེད་པའི་དུས་སུ། གཞོན་ནུ་ལོ་ཆུང་རྣམས་ཀྱི་ཁྱད་མཚར་བོའི་སྣང་བ་དང་། བསམ་པའི་བཀོད་ཤུགས། འཚོལ་ཞིབ་འདོད་པ་བཅས་སྐྱལ་སློང་བྱས་ཏེ། ཚན་རིག་པའི་མི་མངོན་པའི་ནུས་པ་ལྡན་པ་དང་ཚན་རྩལ་བྱ་གཞག་གི་ཆེད་དུ་ནུས་ཤུགས་གང་ཡོད་འདོན་པའི་གཞོན་ནུ་ལོ་ཆུང་སྐྱེད་སྲིང་བྱེད་པ། "མི་ཚང་མ་ཤེས་ལྡན་པར་འགྱུར་ཐུབ་པ་དང་མི་ཚང་མས་རང་ཉིད་ཀྱི་འཇོན་ཐང་འདོན་ཐུབ་པའི"གསོན་ཉམས་ལྡན་པའི་རྣམ་པ་མངོན་པ་བྱ་རྒྱུ་དེ་ནི་ཀྲུང་ཧྭ་མི་རིགས་རླབས་ཆེན་བསྐྱར་དར་ཀྱི་ཀྲུང་གོའི་ཕུགས་འདུན་མངོན་འགྱུར་བྱེད་པའི་རེ་བ་ཡིན་ལ། ཚན་རྩལ་སྟོབས་ལྡན་རྒྱལ་ཁབ་འཛུགས་སྐྲུན་ལ་འདེགས་སྐྱོར་བྱེད་པའི་རྩ་བའི་རྒྱུ་རྐྱེན་གཙོ་བོའི་གྲས་ཤིག་ཀྱང་ཡིན་ནོ། །

孩子们，我们下一辑再见啦

བྱིས་པ་ཚོ། ང་ཚོ་དེབ་ཕྲེང་རྗེས་མར་མཇལ་ཡོང་།